99 項目でマスター

生物・化学

編著 大石 祐一・山本 祐司

建帛社
KENPAKUSHA

〔担当一覧〕 五十音順

生物編

小林謙一……… 34～37，40
須恵雅之……… 1～10
鈴木　司……… 25～28
鈴木敏弘……… 12，17～20，38，39
福田　亨……… 29～33
松本雄宇……… 21～24
山本祐司……… 11，13～16

化学編

安藤達彦……… 26～36
大石祐一……… 1～6，13～25，41，59
加藤　拓……… 7～12，37～40，42～49
盛　喜久江……… 50～58

はじめに

昨今の農学域を含む生物学・化学領域の拡がりに伴い，大学等の高等教育において理科系の学部・学科の新設が進んでいることが話題となっています。生物学・化学領域をベースとして学ぶ大学には，農学や栄養学，薬学，医学，理学など多様な分野があります。これらの分野では必ず，生物や化学の知識が必要になってきます。

現在の高校カリキュラムでは，物理基礎，化学基礎，生物基礎，地学基礎の基礎４科目のうち３科目が必修となっています。しかし理系においても，基礎の先を詳しく学習する４科目のうち選択肢が１科目しかないという高校も少なくありません。さらに文系に進む学生にいたっては基礎のみしか学習しないこともあります。そのため，いざ大学で授業に臨んでも，講義内容を理解するのに苦労する学生が増えてきているのが現状です。

筆者の所属する東京農業大学においては，食品学では食品機能学や食品安全学など，栄養学では栄養生化学，分子栄養学など，といった新しい学問も取り入れています。生物学・化学領域の学問領域はこの数十年で飛躍的に発展し続けており，それらはすべて生物と化学の基礎的知識に密接に関係しています。そして今後ますます，その重要性は増すものと考えています。

本書はそのような背景の中，高校で学習した生物基礎・化学基礎の知識を，大学で学ぶ生物・化学へ橋渡しし，その後の専門科目へスムーズに入っていけることを目的として編集しました。何よりも，自主的な学びが引き出せる内容になるよう工夫しました。

① 生物 40 項目，化学 59 項目の計 99 項目にポイントを整理してまとめました。
② 学習するにあたって，項目ごとに見開きで完結する構成としたため，最初から読み進めても，苦手な（不安な）項目から重点的にはじめても大丈夫です。
③ 左ページにはおさえておきたいポイントを簡潔にまとめ，右ページにはその確認のための練習問題を設けています。１項目ずつしっかりと理解を図れます。
④ 項目によっては「STEP UP」を掲載し，さらに学習を深めるきっかけを加えました。

生物学・化学領域の大学へ入学が決まったものの，高校では生物あるいは化学を苦手に（不安に）感じていた方の事前学習として，大学における入学前教育や入学後の導入リメディアル教科の教科書として，あるいは基礎科目としての生物・化学の教科書として，本書をご活用いただければ幸いです。

2025 年２月

編者　大石祐一・山本祐司

CONTENTS

生　物

第 1 章　有機化合物の基礎

第 2 章　生物の構造と活動エネルギー

第 3 章　遺伝子とその働き

第 4 章　生体の働き

化　学

第 5 章　物質の特性

第6章 原子の構造と周期表

第7章 化学結合

第8章 物質量と化学反応式

第9章 酸と塩基

第10章 酸化還元反応

生 物

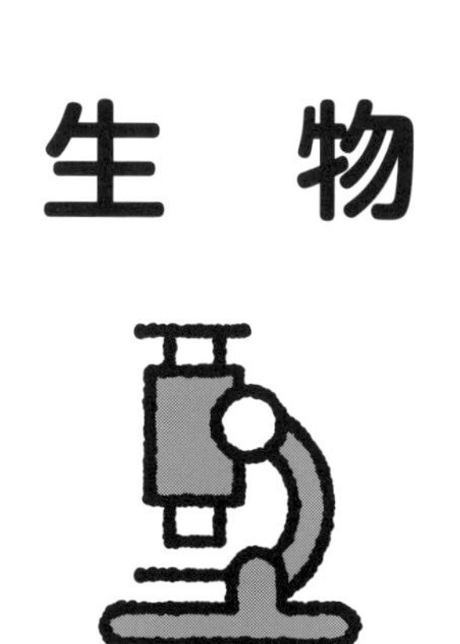

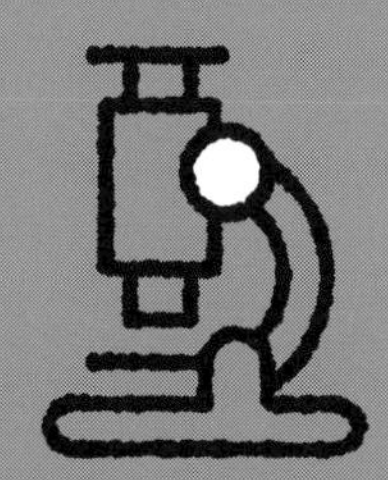

第１章　有機化合物の基礎

第２章　生物の構造と活動エネルギー

第３章　遺伝子とその働き

第４章　生体の働き

1 有機化合物の分類

有機化合物の特徴について理解する

炭素原子(C)を骨格とする化合物は有機化合物と呼ばれ，生物を構成する重要な物質である。

❶ 有機化合物の主な構成元素は，炭素(C)，水素(H)に加えて酸素(O)である
❷ 窒素(N)を含む化合物も多く，また硫黄(S)，リン(P)，ハロゲンなどを含むものもある
❸ 構成元素の種類は少ないが，化合物の種類はとても多い
❹ 炭素骨格の構造や官能基の種類により，化合物の性質が変化する

炭化水素の分類

炭素(C)と水素(H)のみで構成される化合物を**炭化水素**といい，炭素原子間の結合(**C−C 結合**)の仕方に基づいて分類することができる。C−C 結合がすべて単結合なら**飽和炭化水素**，二重結合または三重結合(不飽和結合)があれば**不飽和炭化水素**という。

また，C が鎖(さ)状構造であれば**鎖式炭化水素**(もしくは脂肪族炭化水素)，環状構造であれば**環式炭化水素**という。鎖式炭化水素では，C−C 結合がすべて単結合のものを**アルカン**，二重結合をもつものが**アルケン**，三重結合をもつものが**アルキン**という。

環式炭化水素のうち，**ベンゼン環**(8 参照)のような特有の構造をもつものが芳香族炭化水素，それ以外で，環状構造中のすべての C−C 結合が単結合のものはシクロアルカン，二重結合を含むとシクロアルケンという。

有機化合物の分類例

構造式	構造の特徴	分　類
H　H　H H−C−C−C−H H　H　H	・環状構造なし ・単結合のみ	アルカン
H H−C=C−C−H H　H　H	・環状構造なし ・二重結合あり	アルケン
H H H　C　H H−C　C−H H−C　C−H H　C　H H H	・環状構造あり ・単結合のみ	シクロアルカン

基と官能基

分子の構造で，特定の部分構造を**基**という。
また，化合物の性質に影響をあたえる特定の基を**官能基**という。

例) メタノール(CH_4O)

メチル基　ヒドロキシ基

CH_4O = CH_3OH
分子式　　示性式

● 示性式にすると化合物の性質がわかりやすい。
● この場合，ヒドロキシ基が官能基である。

官能基とそれを含む化合物名の例

官能基の構造	官能基名	化合物名の例
−OH	ヒドロキシ基	アルコール
−C−OH ‖ O	カルボキシ基	カルボン酸
−C− ‖ O	カルボニル基	ケトン
$-NH_2$	アミノ基	アミン

練習問題

1 次の空欄を埋めなさい

- 有機化合物は，炭素，(①　　　)，(②　　　)を主な構成元素とする化合物である。構成元素の種類は少ないが，化合物の種類は(③　　　　　)。
- 飽和炭化水素のうち，炭素骨格が環状構造をとらないものを(④　　　　)，環状構造のものを(⑤　　　　　　　)という。
- アルケンは，炭素骨格が(⑥　　　　)で，(⑦　　　　　)を分子内にもつ。化合物の構造中，その化合物の性質に影響をあたえる部分構造を(⑧　　　　)という。これらのうち，カルボキシ基をもつ化合物を(⑨　　　　　　)といい，(⑩　　　　　　)基をもつ化合物はアルコールという。

2 図に示す化合物のうち，アルコール，カルボン酸，ケトン，アミンにあてはまる化合物を選びなさい

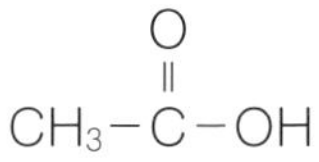

$CH_3-C(=O)-OH$ 酢　酸

CH_3-CH_2-OH エタノール

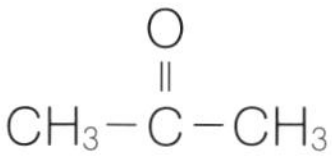

$CH_3-C(=O)-CH_3$ アセトン

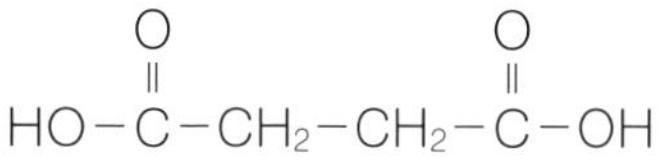

$HO-C(=O)-CH_2-CH_2-C(=O)-OH$ コハク酸

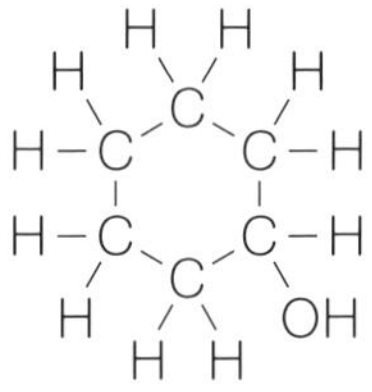

シクロヘキサノール（6員環の炭素に H が結合し，1つの炭素に OH）

$H_2N-CH_2-CH_2-CH_2-CH_2-NH_2$ プトレシン

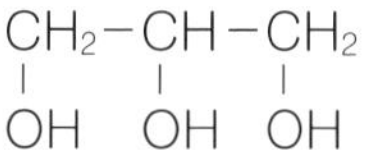

$CH_2(OH)-CH(OH)-CH_2(OH)$ グリセロール

①アルコール：(　　　　　)(　　　　　　　)(　　　　　)
②カルボン酸：(　　　　　)(　　　　)
③ケ　ト　ン：(　　　　　)
④ア　ミ　ン：(　　　　　)

STEP UP

有機化合物には構造が複雑なものも多く，炭素(C)と，炭素に直接結合している水素(H)を省略して表記する場合も多い。エタノールとコハク酸を例にすると，右のように書くことができる。折れ線の末端と頂点に C があり，H はそこに結合できる数だけ存在していることになる。

※ ⟶ で示した箇所に炭素C

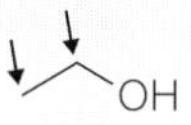

エタノール 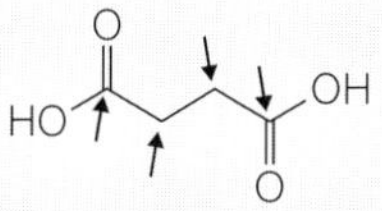　コハク酸

答えはこちら ⬇

2 脂肪族炭化水素①（アルカン）

脂肪族炭化水素（アルカン）について理解する

脂肪族炭化水素は，有機化合物の中でもっとも基本となる化合物である。
❶炭素数 n 個のアルカンの分子式は C_nH_{2n+2} の分子式で表される
❷ほとんど極性のない分子であり，水に溶けにくい
❸炭素数が多くなると構造異性体が存在する
❹アルカンの炭素原子は正四面体形の原子配置をとる

アルカン（alkane）の構造・性質・命名法

構造➡炭素（C）の価電子は 4 のため，C は正四面体の中心に位置したような立体的配置となる。また，C が 4 個以上のアルカンには C 同士の結合が異なる**構造異性体**が存在する。なお，アルカンの一般式は C_nH_{2n+2} で表される。

性質➡C と H の電気陰性度は近い値のため，分子に極性はほとんどなく**水に溶けにくい**（疎水性）（化学 **22** 参照）。

命名法➡アルカンの化合物名には「ane」が語尾につく。
（例：meth<u>ane</u>，hex<u>ane</u>）
分岐した構造をもつアルカンには，直鎖状アルカンの C に結合している H が違う原子に置き換わっている部分がある。この置き換わった部分構造（基）を**置換基**という。アルカンに由来する置換基（アルキル基）は語尾を「yl」に変えて命名する（**STEPUP** 参照）。（例：meth<u>ane</u> → meth<u>yl</u>）

アルカンの立体構造

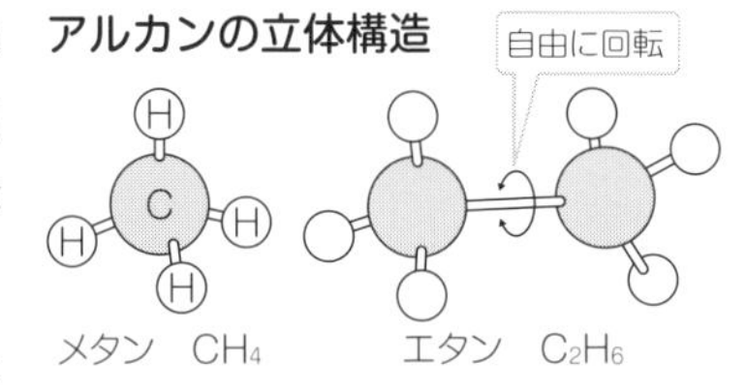

アルカンの例

分子式	化合物名
CH_4	メタン（methane）
C_2H_6	エタン（ethane）
C_3H_8	プロパン（propane）
C_4H_{10}	ブタン（butane）
C_5H_{12}	ペンタン（pentane）
C_6H_{14}	ヘキサン（hexane）
C_8H_{18}	オクタン（octane）

置換基の数の示し方・位置番号

同じ置換基が複数ある場合，数を示す接頭辞（2 ～ 10）を用いる。

2	3	4	5	6	7	8	9	10
ジ di	トリ tri	テトラ tetra	ペンタ penta	ヘキサ hexa	ヘプタ hepta	オクタ octa	ノナ nona	デカ deca

置換基の位置は，それが付く**炭素**に番号をつける。この番号は置換基の番号が小さくなるように**末端**からつけ，置換基それぞれについて位置番号を示す。置換基名は，置換基の位置番号の順ではなくアルファベット順に並べる（**STEPUP** 参照）。
ハロゲンが置換基となる場合は，F（フルオロ），Cl（クロロ），Br（ブロモ），I（ヨード）となる。

練習問題

1 次の空欄を埋めなさい

- 脂肪族炭化水素のうち，炭素数 n のアルカンの分子式は（① 　　　）と表すことができ，炭素数が 4 以上のアルカンには，原子同士の結合様式の異なる（② 　　　）が存在する。
- 単結合で結びついている C は（③ 　　　）の中心に位置するように配置されている。炭化水素は分子全体の（④ 　　　）が小さく，水に（⑤ 　　　）。

2 次に示性式で示した化合物の名称を答えなさい

① $CH_3CH_2CH_3$

（　　　）

② $CH_3-CH_2-CH_2-CH_2-CH_3$

（　　　）

③ $CH_3-CH(CH_3)-CH_2-CH_3$

（　　　）

④ $CH_3CH_2CH(CH_3)CH(CH_2CH_3)CH_2CH_2CH_2CH_3$

（　　　）

⑤ $CH_3CH(Br)CH(CH_3)CH_2CH_3$

（　　　）

STEP UP

2-メチルブタン

この化合物は，ブタンの端から 2 つ目の C に結合している H が CH_3-に置き換わっている。この置換基はメタン（methane）と同じ炭素数なのでメチル（methyl）基という。また，ブタンの 2 番目（置換基の番号が小さくなるようにする）の C にメチル基がついているので「2-メチルブタン」と命名できる。

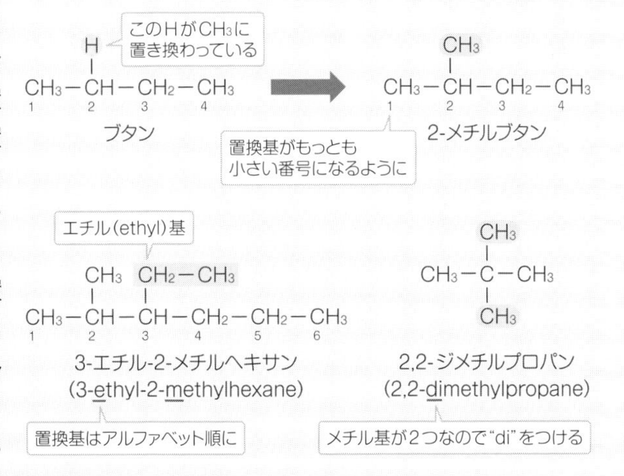

答えはこちら

3 脂肪族炭化水素②（アルケン・アルキン）

脂肪族炭化水素（アルケン・アルキン）について理解する

❶ 炭素数 n 個のアルケンの分子式は C_nH_{2n}，アルキンは C_nH_{2n-2}
❷ 構造異性体やシス - トランス異性体が存在する
❸ アルケンは平面形，アルキンは直線形の原子配置をとる

アルケン（alkene）の構造・性質・命名法

構造➡二重結合をもち，一般式は C_nH_{2n} ($n \geqq 2$) である。二重結合の C とそれに結合している原子はすべて同一**平面上**にある。

性質➡炭素原子間の二重結合 (C = C) は，その軸で自由回転できない。そのため，炭素数 4 以上のアルケンにはシス - トランス異性体が存在する。二重結合に対して反対側に置換基があれば**トランス** (*trans*) 体，同じ側にあれば**シス** (*cis*) 体という。二重結合にはほかの原子が結合しやすい (**付加反応**)。

エチレンの構造

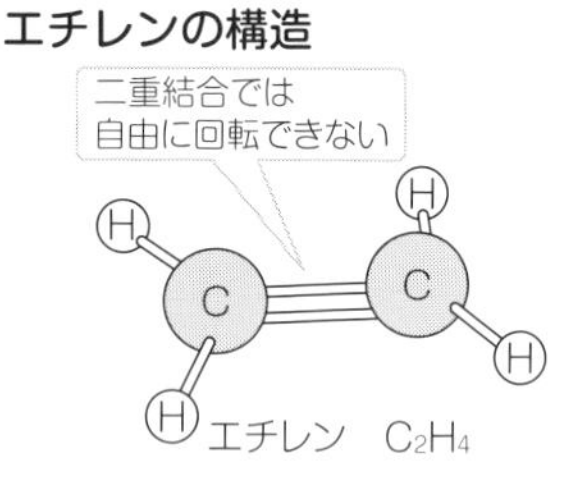

シス-トランス異性体 (2-ブテン)

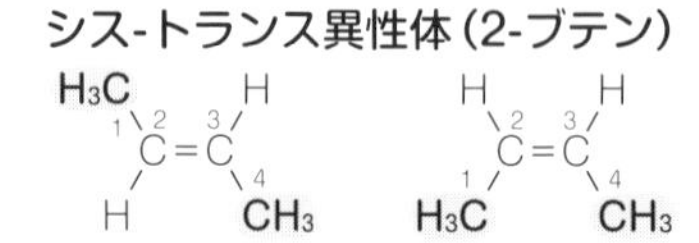

トランス-2-ブテン　シス-2-ブテン

2-は二重結合の場所を示す

エチレンへの付加反応の例

$$H_2C=CH_2 + Br_2 \rightarrow H-CHBr-CHBr-H$$

1,2-ジブロモエタン

$$H_2C=CH_2 + HBr \rightarrow H-CH_2-CHBr-H$$

ブロモエタン

命名法➡化合物名は，同じ炭素数のアルカンの語尾を「ane」から「ene」に変える。例えば，炭素数 5 の場合はペンテン (pent<u>ene</u>) となる。

$H_2C=CH_2$	$H_2C=CH-CH_3$	$CH_2=CH-CH=CH_2$
エテン (eth<u>ene</u>) 慣用名：エチレン	プロペン (prop<u>ene</u>) 慣用名：プロピレン	1,3−ブタジエン (1,3−buta<u>di</u>ene) 二重結合が2つ

アルキン（alkyne）の構造・性質・命名法

構造➡三重結合をもつ炭化水素で，一般式は C_nH_{2n-2} となる。

性質➡三重結合に結びついている原子は，**直線状の構造**になる。また，アルケンと同様に付加反応が起こる。

命名法➡化合物名は，同じ炭素数のアルカンの語尾を「ane」から「yne」に変える。それに従うと，炭素数 2 ではエチン (eth<u>yne</u>) となるが，慣用名であるアセチレンが使われる場合が多い。

練習問題

1 次の空欄を埋めなさい

- 分子式で，アルケンは（①　　　），アルキン（②　　　　）と表される。アルケンには構造異性体のほかに（③　　　　　　　　）が存在する。
- 二重結合しているCと，それに直接結合している原子は，（④　　　）に配置されていて，炭素同士が三重結合の場合は（⑤　　　）の構造をしている。

2 次に示性式で示した化合物の名称を答えなさい

①

$$CH_2=C(CH_3)-CH_3$$

（　　　　　　　　）

②

H₂C–CH=CH–CH₂–CH₂–CH₂ （環状）

$$\text{cyclo-}(CH=CH-CH_2-CH_2-CH_2-CH_2)$$

（　　　　　　　　）

③

$$\text{H}(CH_3CH_2)C=C(CH_2CH_3)\text{H}$$

（　　　　　　　　）

④

$$H_3C-C\equiv C-CH_3$$

（　　　　　　　　）

3 C_4H_8 の分子式で表される化合物には，構造異性体とシス-トランス異性体があわせていくつ存在するか答えなさい

（　　）個

4 次の反応の主な生成物の化合物名を答えなさい

①プロピレン＋水素　　→（　　　　　　　　）
②プロピレン＋塩化水素→（　　　　　　　　）

答えはこちら↓

4 アルコールとエーテル

アルコールとエーテルについて理解する

❶炭化水素の水素(H)をヒドロキシ基(－OH)で置換したものをアルコールという
❷分子量のほぼ等しい炭化水素に比べて，アルコールの融点・沸点は高い
❸低級アルコールは水に溶解する
❹エーテルは，構造異性体の関係にあるアルコールより沸点が低い

アルコールの分類・命名法・性質

分類➡1つの分子中にヒドロキシ基(－OH)がn個あるとき，「**n価アルコール**」という。

例えば，－OHが1個だと「一価アルコール」，2個だと「二価アルコール」，n≧2のものを「多価アルコール」という。－OHが結合している炭素原子(C)に，ほかのCが何個結合しているかで，第一級～第三級アルコールに分類される。なお，Cの数が少ないアルコールを低級アルコール，多いものを**高級アルコール**という。

命名法➡－OHの位置をCの番号で示して，同じ炭素数のアルカン(alkane)の語尾「e」を「ol」に変える。Cが1個だとメタノール(methanol)となる。また，メチルアルコールのように「アルキル基名＋アルコール」として命名される場合もある。

性質➡分子間で－OH同士の水素結合(化学**24**参照)がつくられるので，分子量の近い炭化水素に比べて分子間力が大きくなる。Cが3個以下のアルコールは水と任意の割合で混合する。より高級なアルコールになるほど水に溶けにくい。

アルコールは酸化されると，第一級アルコールはアルデヒド，第二級アルコールはケトンへと変化する(**5**参照)。アルコールでは分子内脱水により，アルケンが得られる。

分子内脱水

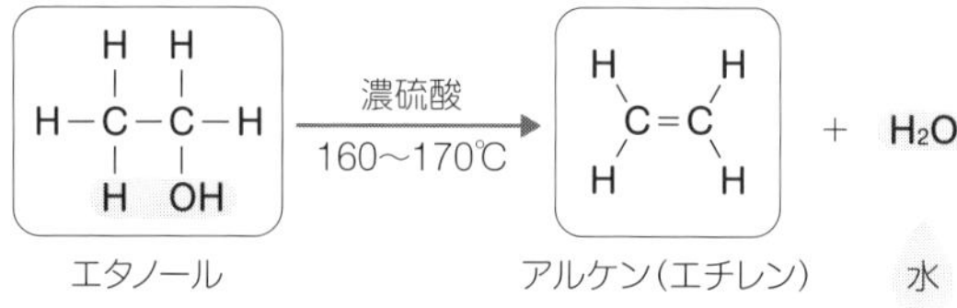

エーテル

約130℃でアルコールの分子間脱水(**脱水縮合**)が起こると，C-O-Cの部分構造をもつエーテル(例；ジエチルエーテル)が生じる(**STEPUP**参照)。エーテルは－OHをもたないため**水に溶けにくい。**

Oに結合した2つの炭化水素基名をアルファベット順に並べて最後に「エーテル」をつけて命名する。(例；エチルメチルエーテル)

練習問題

1 次の空欄を埋めなさい

- アルコールは，（① 　　　　　）基を官能基としてもつ化合物で，炭素数の少ないものを（② 　　　）アルコール，多いものを（③ 　　　）アルコールという。
- 第一級アルコールは，（④ 　　　　　）基が結合している炭素原子に，（⑤ 　）個の炭化水素基が結合したものであり，3 個結合したものは（⑥ 　　　　　）という。
- アルコールは，別のアルコール分子や水分子と（⑦ 　　　）を形成する。炭化水素基が小さいアルコールは水によく溶けるが，炭化水素基が大きくなると（⑧ 　　　）が増すため，水に溶けにくくなる。
- エタノールを濃硫酸存在下，約 160℃で加熱すると（⑨ 　　　）が生成するが，約 130℃であれば分子間で（⑩ 　　　　　）を起こして，（⑪ 　　　　　）が生成する。
- エーテルは，水に（⑫ 　　　　）。

2 次に示す化合物の名称を答えなさい

① $CH_3CH_2CH_2CH_2OH$

（　　　　　）

②
H_2
C　H　OH
H_2C　　C
H_2C　　CH_2
C
H_2

（　　　　　）

③ $CH_3CHCH_2CH_2CH_3$
　　|
　　OH

（　　　　　）

④ $HO-CH_2CH_2CH_2CH_2-OH$

（　　　　　）

⑤ $OH_3CH_2-O-CH_2CH_2CH_2CH_3$

（　　　　　）

STEP UP

分子間脱水

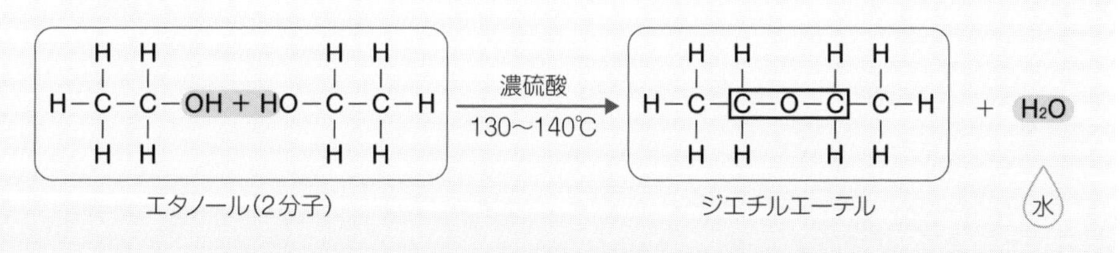

答えはこちら↓

5 アルデヒドとケトン

アルデヒドとケトンについて理解する

❶アルデヒドは酸化されてカルボン酸になり，還元されると第一級アルコールになる
❷アルデヒドには還元作用がある
❸ケトンは還元されると第二級アルコールになる

アルデヒドの構造・性質

アルデヒドは，分子中に**ホルミル基**（−CHO）をもつ化合物である。また，アルデヒドは酸化されやすいため，ほかの物質を還元する性質がある（**還元性**）。
アルデヒドをアンモニア性硝酸銀水溶液に加えて加熱すると，銀イオン〔Ag^+〕が還元されて銀（Ag）として析出する（**銀鏡反応**）。

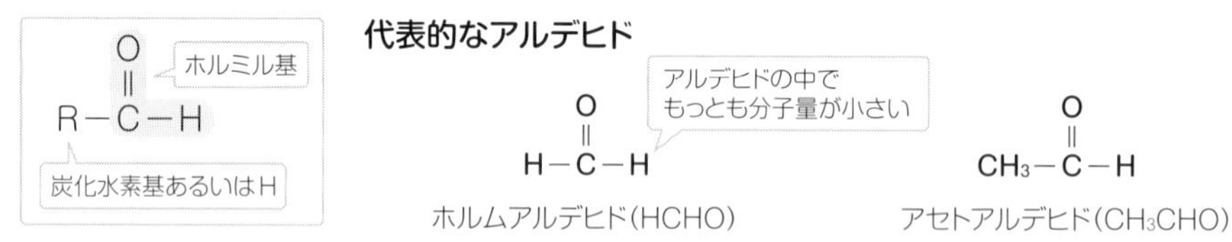

※高校の教科書では−CHOをアルデヒド基と記載しているが，本来は間違いである

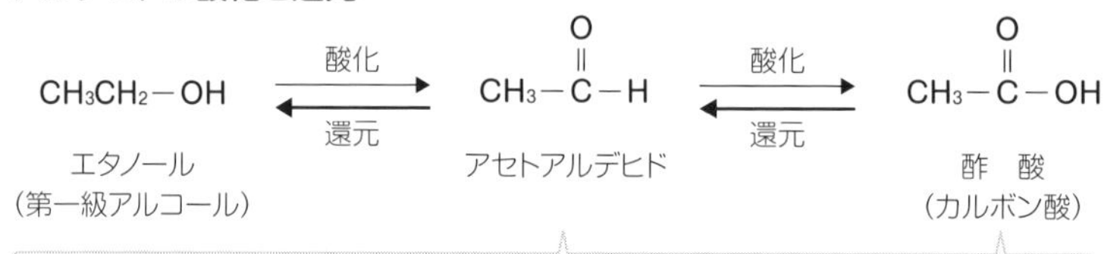

ケトンの構造・性質

カルボニル基（C＝O）に2つの炭化水素基が結合した化合物である。代表的なケトンに，C＝Oに2つのメチル基（$-CH_3$）が結合した**アセトン**（CH_3COCH_3）があり，有機化合物をよく溶かす有機溶媒として使用される一方で，水とも任意の割合で混合する。

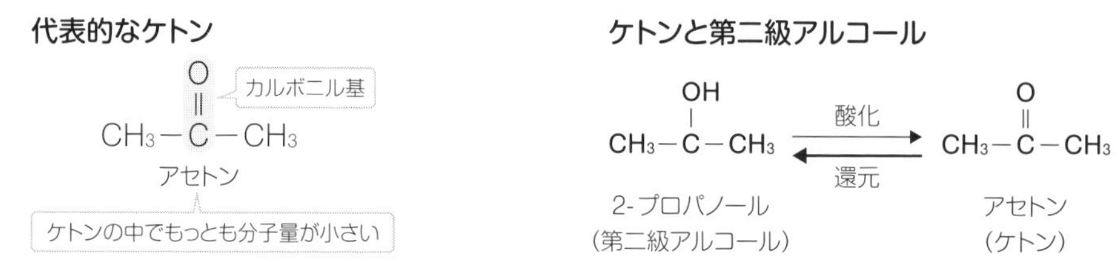

ヨードホルム反応➡アルデヒドやケトンの中には，ヨウ素と水酸化ナトリウムを加えて加熱することで，**ヨードホルム**（CHI_3：トリヨードメタン）の黄色結晶が生成するヨードホルム反応を示すものがある。

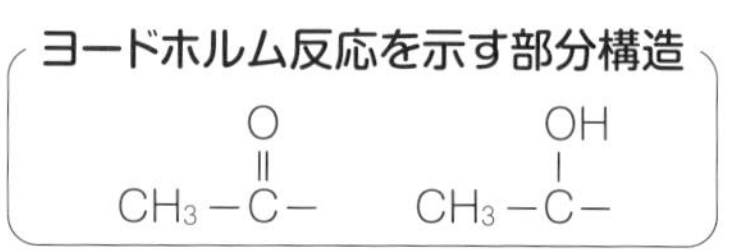

練習問題

1 次の空欄を埋めなさい

- アルデヒドは（①　　　　　）基を官能基としてもつ化合物で，もっとも分子量の小さいアルデヒドは（②　　　　　）である。
- アルデヒドは（③　　　　）があるため，銀イオンを還元して（④　　　）反応が起こる。
- （⑤　　　　）アルコールを酸化することでアルデヒドが生成し，さらに酸化すると（⑥　　　　）となる。
- ケトンは（⑦　　　　）基に（⑧　　）個の炭化水素基が結合したものであり，もっとも分子量の小さいケトンは（⑨　　　　）である。
- ケトンを還元すると（⑩　　　　　）が生成するが，酸化反応は起こらない。アセトンにヨウ素と水酸化ナトリウムを加えて加熱すると，（⑪　　　　　）の結晶が析出する。

STEP UP

様々な命名法

アルデヒドの系統的な命名法としては，同じ炭素数のアルカン（alkane）の語尾「e」を「al」に変える。しかし，Cが1個と2個のアルデヒドは，それぞれの慣用名であるホルムアルデヒドとアセトアルデヒドが使用される場合が圧倒的に多い。ほかにも，アセトアルデヒドはエチルアルデヒドという慣用名がある。

ケトンの系統的命名法では，同じ炭素数のアルカンの語尾「e」を「one（"オン"と読む）」とする。また，C＝Oの酸素（＝O）がある位置を，番号で示す。慣用名として，「アルキル基名（アルファベット順）＋ケトン」という命名法もあり，アセトンであればジメチルケトンともいう。

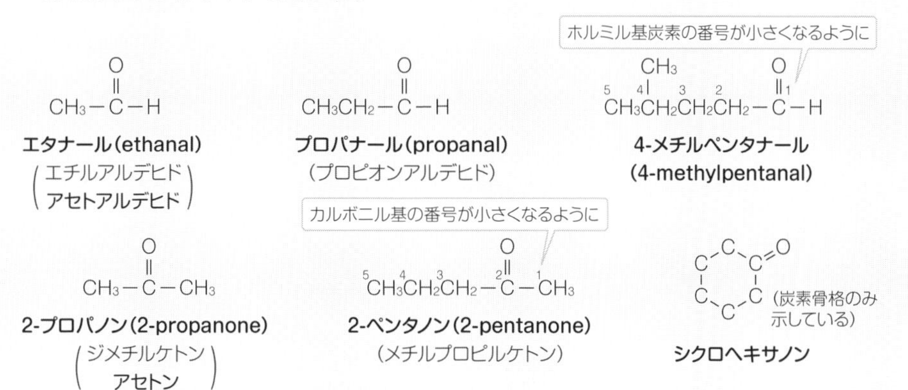

答えはこちら↓

 6 カルボン酸

カルボン酸について理解する

代表的な有機酸で，生物の体内でも重要な役割を果たしている。
❶カルボン酸はカルボキシ基をもつ
❷鎖状炭化水素基にカルボキシ基が１個のものを脂肪酸という
❸カルボン酸は弱酸である
❹カルボキシ基２つは脱水縮合して酸無水物となる

カルボン酸の構造・分類・性質

構造➡カルボキシ基（$-COOH$）を分子中にもつ化合物を**カルボン酸**という。

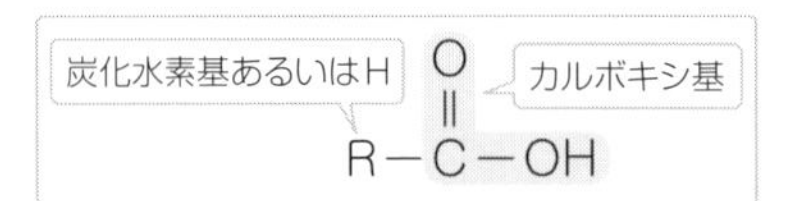

分類➡分子中の$-COOH$の個数により，一価や二価（多価）**カルボン酸**と分類される。鎖状の炭化水素基に$-COOH$が１つ結合したものを**脂肪酸**，そのうち単結合のみの炭化水素基をもつものを**飽和脂肪酸**，不飽和結合（二重結合，三重結合）をもつものを**不飽和脂肪酸**という。

Cが少ない　　Cが多い　　細胞膜の成分でもある

低級脂肪酸		高級脂肪酸		
$HCOOH$	ギ　酸	$C_{15}H_{31}COOH$	パルミチン酸	飽和脂肪酸
CH_3COOH	酢　酸	$C_{17}H_{35}COOH$	ステアリン酸	飽和脂肪酸
C_2H_5COOH	プロピオン酸	$C_{17}H_{33}COOH$	オレイン酸	不飽和脂肪酸
C_3H_7COOH	酪　酸	$C_{17}H_{31}COOH$	リノール酸	不飽和脂肪酸
		$C_{17}H_{29}COOH$	リノレイン酸	不飽和脂肪酸

性質➡カルボン酸を水に加えると少し電離して**プロトン**（水素イオン）を放出するため，**弱酸性**を示す。水中では２つの$-COOH$間で水素結合を形成し，２分子間の場合は二量体のような構造になる。また，２つの$-COOH$間で脱水縮合して**酸無水物**を生じる。（例；酢酸２分子間では無水酢酸ができる）

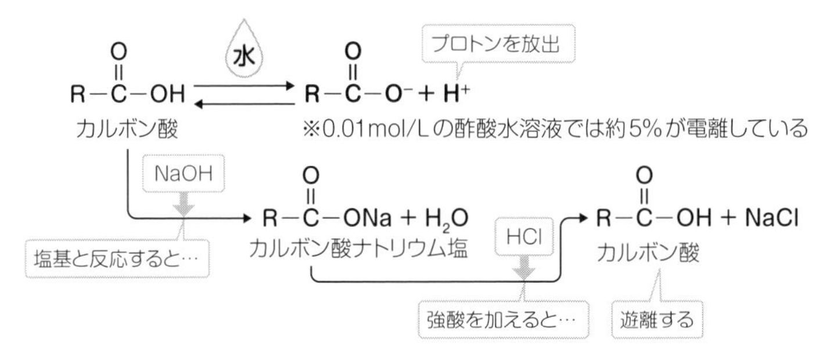

練習問題

1 次の空欄を埋めなさい

- カルボン酸は (①) 基をもつ化合物で，一価のカルボン酸でCの数が多いものを (②) 脂肪酸，少ないものを (③) 脂肪酸という。
- カルボン酸は，水中でわずかに電離して (④) を放出するため，(⑤) を示す。
- カルボン酸は，分子間で (⑥) を形成できるので，見かけの分子量が大きくなることもある。分子間あるいは分子内で，2つの (⑦) 基から脱水すると，(⑧) が生成する。
- もっとも分子量の小さいカルボン酸は (⑨) で，Cの数が18で二重結合を2つ炭化水素基にもつカルボン酸は (⑩) である。
- カルボン酸ナトリウム塩に (⑪) を加えると，カルボン酸が遊離する。

STEP UP

乳　酸

炭素に，水素，メチル基，ヒドロキシ基，カルボキシ基が結合した化合物を乳酸 ($CH_3CH(OH)COOH$) という。このように，4種の異なる原子や原子団が結合しているCを不斉(ふせい)炭素原子といい，不斉炭素原子をもつ化合物には鏡像異性体が存在する。鏡像異性体同士の融点や密度など物理的性質は等しい。また，鏡像異性体の等量混合物をラセミ体という。

立体の描き方

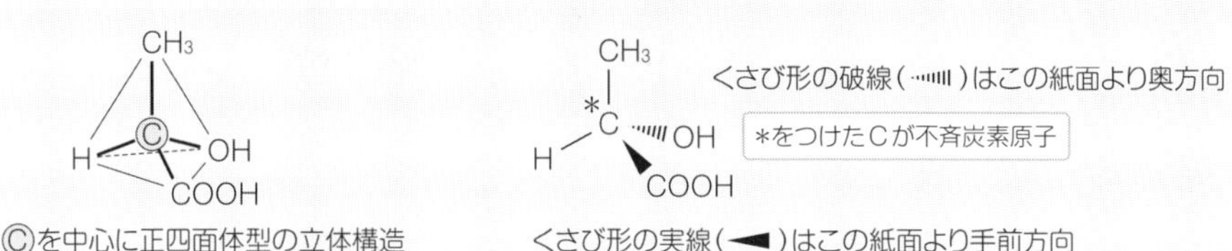

乳酸の鏡像異性体

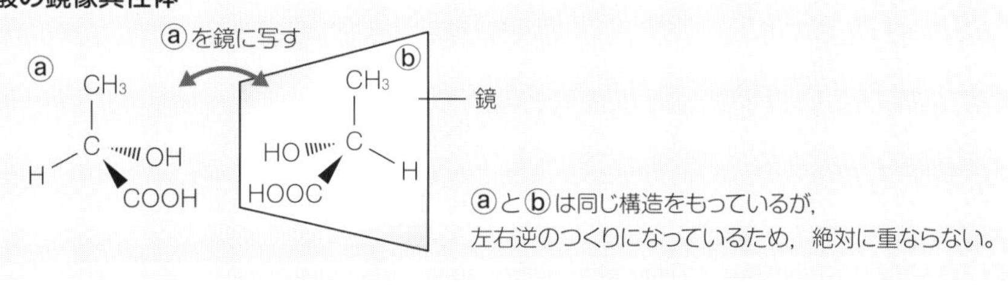

答えはこちら ⬇

7 エステル

エステルについて理解する

❶エステルはカルボキシ基（－COOH）とヒドロキシ基（－OH）が脱水した構造
❷酸や塩基で加水分解できる
❸高級脂肪酸とグリセロールのエステルは「油脂」という
❹油脂を塩基で加水分解するとセッケンができる

エステルの構造・命名法・性質

構造➡カルボン酸とアルコールの混合液に濃硫酸を加え加熱すると，－COOH と－OH の間で脱水縮合が起こり，**エステル結合**（－COO－）が生じる。この構造をもつ化合物を**エステル**という。代表的なエステルに，酢酸とエタノールにより合成できる酢酸エチルがある。

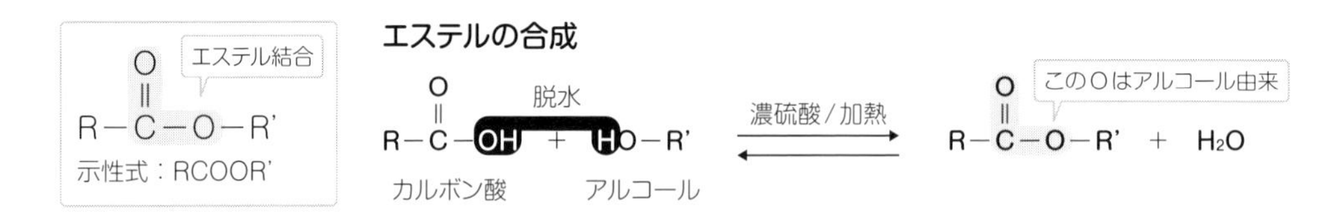

命名法➡「カルボン酸名＋アルキル基名」で命名する。

性質➡グリセロールと高級脂肪酸のエステルを「**油脂**」といい，天然の油脂には炭素数が 16 個と 18 個の脂肪酸で構成されるものが多い。常温で固体の油脂を**脂肪**という。構成脂肪酸として，飽和脂肪酸が多いと油脂の融点は**低く**なる。また，不飽和脂肪酸が多くなると融点は**高く**液体のものが多い。

エステルは酸や塩基で加水分解でき，特に，塩基での加水分解のことを「**けん化**」という。高級脂肪酸のアルカリ塩を「**セッケン**」といい，これを水に溶解すると**弱酸性**を示す。

エステルのけん化

水中で電離している
$CH_3-COONa \longrightarrow CH_3-COO^- + Na^+$

$$\underset{\text{エステル}}{CH_3-COO-CH_2CH_3} \xrightarrow[\text{加熱}]{\text{NaOH水溶液}} \underset{\text{カルボン酸の塩}}{CH_3-COONa} + \underset{\text{アルコール}}{CH_3CH_2-OH}$$

油脂とセッケン（油脂の水酸化ナトリウムによるけん化）

$$\underset{\text{油脂}}{\begin{matrix} R-CO-O-CH_2 \\ R'-CO-O-CH \\ R''-CO-O-CH_2 \end{matrix}} \xrightarrow[\text{加熱}]{\text{NaOH水溶液}} \underset{\substack{\text{セッケン}\\\text{(高級脂肪酸の塩)}}}{\begin{matrix} R-COONa \\ R'-COONa \\ R''-COONa \end{matrix}} + \underset{\text{グリセロール}}{\begin{matrix} HO-CH_2 \\ HO-CH \\ HO-CH_2 \end{matrix}}$$

練習問題

1 次の空欄を埋めなさい

- エステルは，(① 　　　　　)と(② 　　　　　)を酸性条件下で加熱することにより生じる。
- 油脂は(③ 　　　　　)と(④ 　　　　　)のエステルである。不飽和結合の多い炭化水素基から構成される油脂は，融点が(⑤ 　　　)ため，常温で(⑥ 　　　)のものが多い。常温で固体の油脂を(⑦ 　　　)という。
- エステルは，酸のほかに(⑧ 　　　)でも加水分解することができる。塩基による加水分解のことを(⑨ 　　　)という。
- エステルを水酸化ナトリウムで加水分解した産物は，(⑩ 　　　　　)の(⑪ 　　　　)塩とアルコールである。
- (⑫ 　　　　)は高級脂肪酸のナトリウム塩で，分子内に(⑬ 　　　)の炭化水素基と，(⑭ 　　　)の－COONa 部分をもつ。
- セッケンの水溶液では，セッケン分子は水中で(⑮ 　　　)を形成し，油分をそこに加えて振り混ぜると，油分を取り囲んで(⑯ 　　　)する。
- セッケン水と空気，セッケン水と油の(⑰ 　　　)には，セッケン分子が並んで(⑱ 　　　　　)を減少させる。このような作用のある化合物を(⑲ 　　　　)という。

STEP UP

乳　化

セッケン分子は水中では親水性部分を外(水)側に，疎水性部分を内側にして会合し，ミセルというコロイド粒子つくる。水溶液中に油分が含まれる場合，セッケン分子は疎水性部分でこの油分を取り囲むように存在する。このように，油分が水中に存在できるようになる作用を「乳化」という。境界面に並び，界面張力(表面張力)を減少させる界面活性剤として機能する。

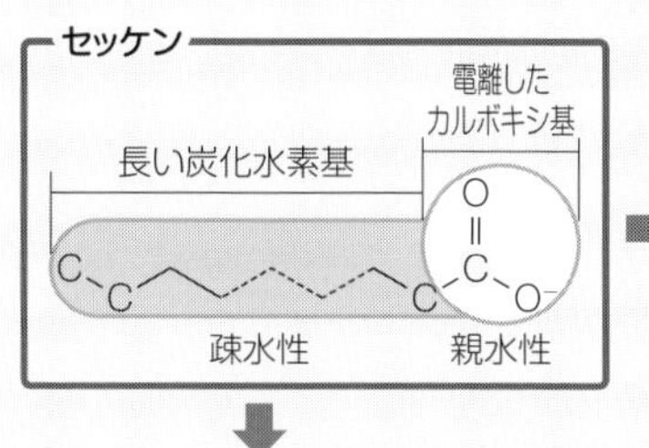

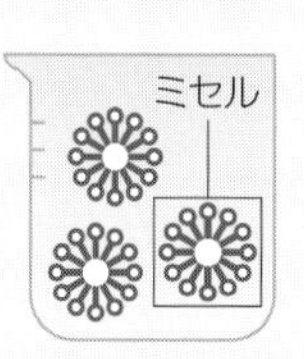

乳化
油分の小滴をセッケン分子が取り囲んで，水中に分散する
水
油
油
セッケン

界面活性剤
界面にセッケン分子が並ぶ

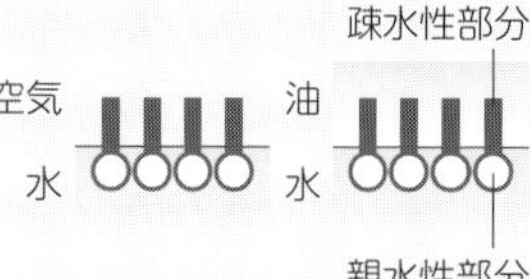

答えはこちら

8 芳香族化合物

芳香族化合物について理解する

芳香族化合物は，ベンゼン環に代表される芳香環を分子中にもつ化合物。香りをもつ化合物ということでこのような名称がつけられたが，香りのない芳香族も多い。

❶代表的な芳香族化合物はベンゼン
❷ベンゼンは正六角形の平面状の環状構造
❸安定な構造で，付加反応ではなく置換反応が起こる

芳香族炭化水素の構造・性質

構造➡もっとも代表的な芳香族である**ベンゼン**は，C が 6 個で正六角形の環を形成している。分子式は「C_6H_6」で表され，すべての原子は同一平面上にある。二重結合と単結合が交互にある構造式で表される。

芳香族化合物がもつ環状構造を**芳香環**（ベンゼン環など）という。また，ベンゼン環に置換基が結合したものなどがあり，2 つ以上の置換基がある場合は，それぞれの位置関係は C の番号で示されるほかに，***o*-（オルト）**，***m*-（メタ）**，***p*-（パラ）**などで示される。

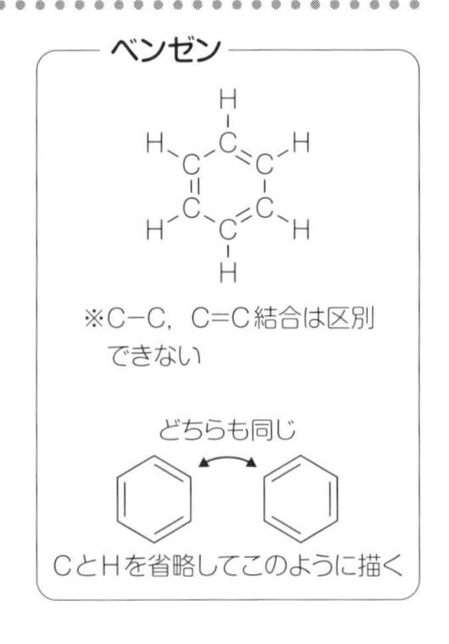

性質➡ベンゼンでは二重結合への付加反応ではなく，H がほかの原子や原子団と置き換わる**置換反応**が起こる。そのほか，ニトロ化やスルホン化といった置換反応も起こる。

置換基の位置の表示方法

R, *o*, *o*, *m*, *m*, *p* / R, 1, 2, 3, 4, 5, 6 ➡ 例

CH_3 CH_3 *o*-キシレン 1,2-ジメチルベンゼン

CH_3 CH_3 *m*-キシレン 1,3-ジメチルベンゼン

CH_3 CH_3 *p*-キシレン 1,4-ジメチルベンゼン

芳香族化合物の例

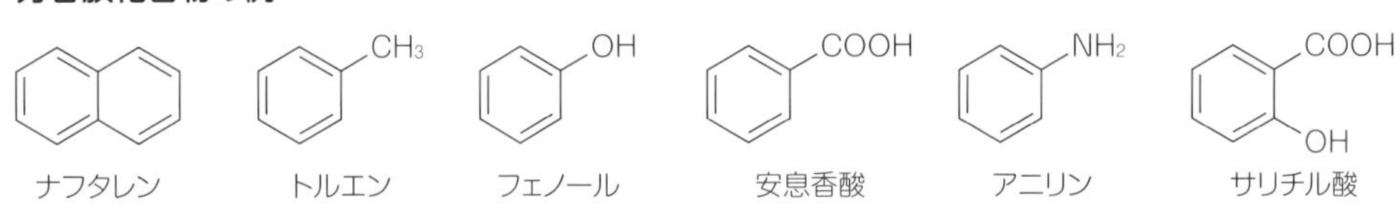

練習問題

1 次の空欄を埋めなさい

- ベンゼンは安定な構造のため，付加反応ではなく（①　　　　　　　　）が起こりやすい。
- ベンゼンに濃硝酸と濃硫酸を加えて反応させると，（②　　　　　　）が起こる。フェノールを水に溶解させると，水溶液は（③　　　　　　）を示す。フェノールをニトロ化すると，ヒドロキシ基の（④　　　　）位と（⑤　　　）位で置換反応が起こる。
- サリチル酸や安息香酸を無水酢酸と反応させると（⑥　　　　　　　）が起こる。
- アニリンは塩基性のため，塩酸と反応して（⑦　　　　　　　）となり，水への溶解度が（⑧　　　）する。
- アニリンと無水酢酸の反応では（⑨　　　　　　　　）が生成する。

STEP UP

フェノールは水中でわずかに電離する

OH ⇄ O^- ＋ H^+

OH —NaOH→ ONa ＋ H_2O

ナトリウムフェノキシド（水に溶ける）

フェノールのニトロ化（*o*,*p*-配向性）

OH —濃硝酸／濃硫酸，ニトロ化→ OH, NO_2 ＋ OH, NO_2 ＋ OH, O_2N, NO_2, NO_2 (1, 2, 3, 4, 5, 6)

o-ニトロフェノール　*p*-ニトロフェノール　2,4,6-トリニトロフェノール

アセチル化

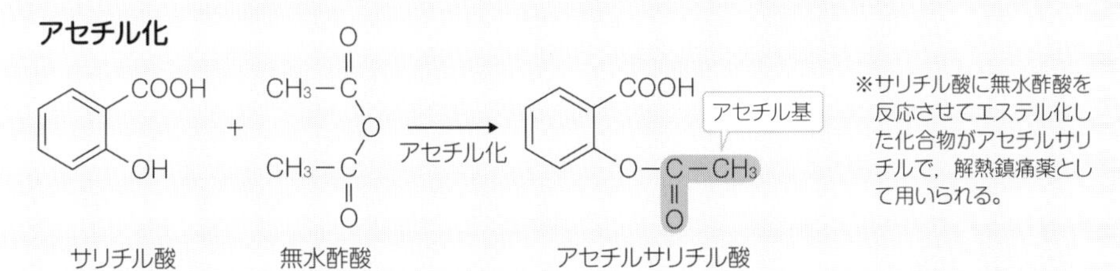

サリチル酸　無水酢酸　アセチルサリチル酸

アニリンの反応

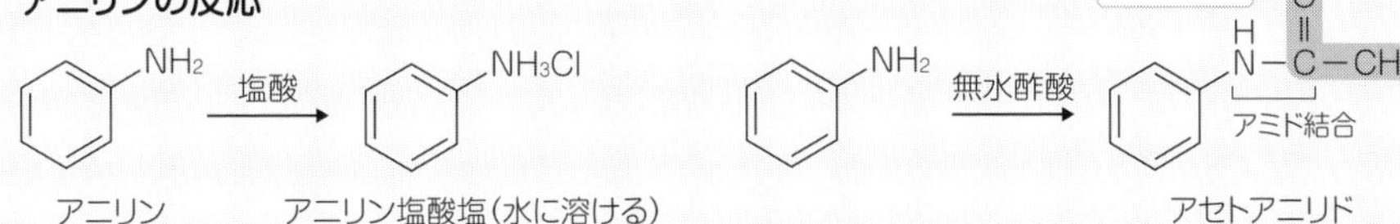

アニリン　アニリン塩酸塩（水に溶ける）　アセトアニリド

答えはこちら↓

9 糖　類

糖類について理解する

糖類は生物のエネルギー源となる。また，多くの糖分子が結合することで多糖類となり，エネルギーの貯蓄や生物の体や細胞の構造維持などに必須である。

❶糖には，単糖（グルコースなど），二糖（スクロースなど），多糖（デンプンなど）の分類がある
❷単糖は主に五員環や六員環の環状構造をとる
❸グリコシド結合により糖分子が互いに結合する

糖の構造と分類

環状構造の糖は，－O－C（OH）－部分の C とほかの分子中の OH 基（R － OH）が反応して，グリコシド結合を形成する。

単糖➡それ以上加水分解されない糖。分子内に複数の OH 基をもち，水に溶けやすい。主に，C が 6 個の**六炭糖**（$C_6H_{12}O_6$），5 個の**五炭糖**（$C_5H_{10}O_5$）がある。代表的な六炭糖にはグルコース，ガラクトース，フルクトースがあり，構造異性体の関係にある。単糖（鎖状構造）に存在する C ＝ O 部分と OH 基が反応して，－O－C（OH）－の構造となる。分子内でこの反応が起こることで，**環状構造**をとる。

結晶中の単糖は，この機構により**六員環**や**五員環**の構造をとり，α型とβ型が存在する。α型とβ型は，この－O－C（OH）－部分の OH 基についての**立体異性体**である。

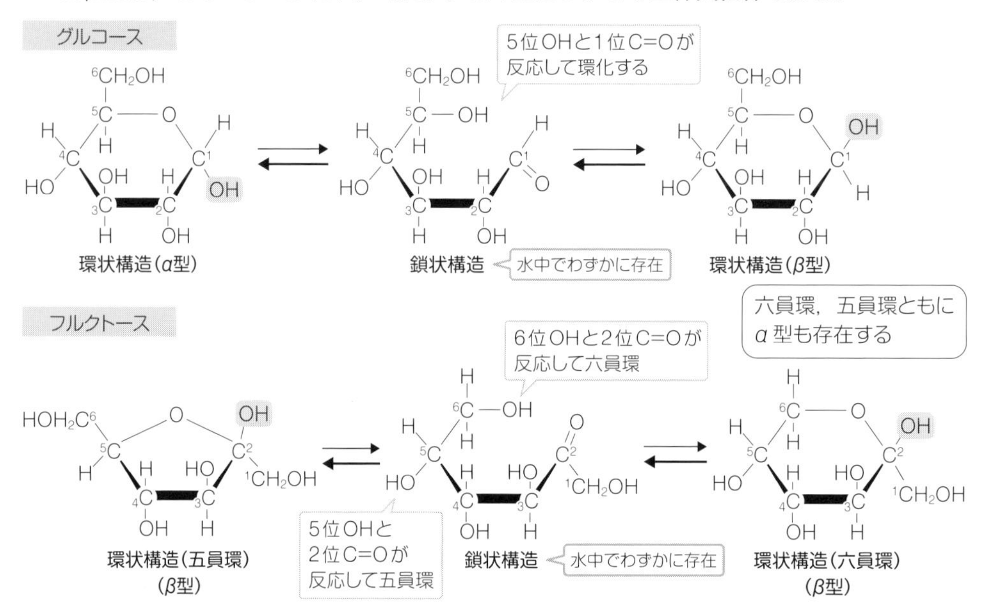

二糖類➡2 つ単糖が**グリコシド結合**したもので，α-1,4- グリコシド結合のマルトース，β -1,4- グリコシド結合のセロビオースなどがある。

多糖類➡さらに多くの単糖が結合したものを多糖類という。**α-グルコース**が重合したものがデンプンで，**β-グルコース**が重合したものがセルロースである。

練習問題

1 次の空欄を埋めなさい

- 単糖の分子中には（① 　　　　　）基が複数存在し，水に（② 　　　　　）。六炭糖の分子式は（③ 　　　　　）である。
- 鎖状構造にホルミル基があるものを（④ 　　　　　），カルボニル基があるものを（⑤ 　　　　　）という。
- 六炭糖は主に（⑥ 　　　　　）あるいは（⑦ 　　　　　）の環状構造をしている。
- 環状構造をとった単糖は，もう１分子の単糖の（⑧ 　　　　　）基と（⑨ 　　　　　）を形成して二糖となる。
- グルコース２分子が，α-1,4-グリコシド結合したものを（⑩ 　　　　　）といい，β-1,4- グリコシド結合したものを（⑪ 　　　　　）という。
- デンプンは（⑫ 　　　　　）が重合した多糖類で，セルロースは（⑬ 　　　　　）が重合した多糖類である。

STEP UP

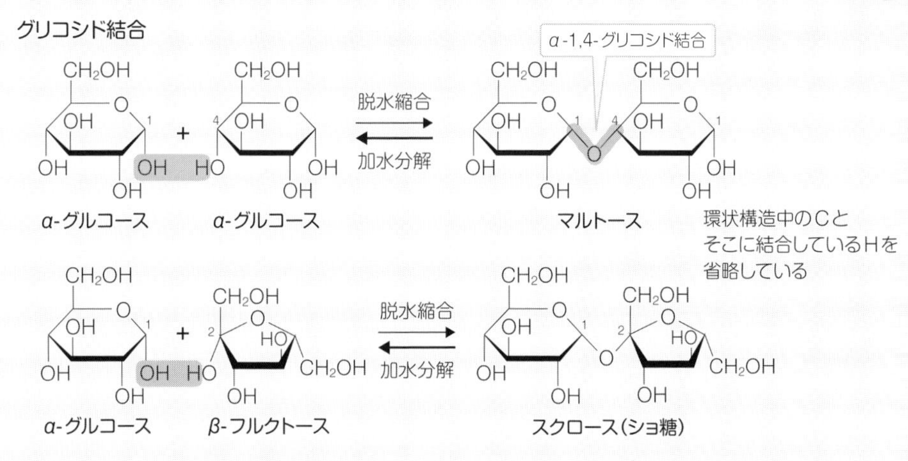

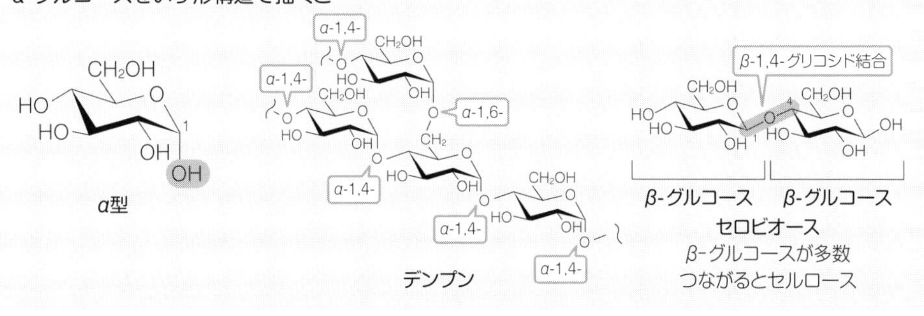

答えはこちら⬇

10 アミノ酸・タンパク質

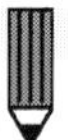

アミノ酸・タンパク質について理解する

アミノ酸はタンパク質を構成する分子であり，アミノ酸単独でも重要な役割をもつ。また，タンパク質は生命活動においてきわめて重要な役割を果し，様々な化学反応を触媒する酵素など多くの重要な機能がある。

❶タンパク質を構成するアミノ酸は主に 20 種類ある
❷アミノ酸同士がペプチド結合（アミド結合）することでタンパク質をつくる
❸アミノ酸やタンパク質にはそれぞれ等電点がある

アミノ酸の構造と性質

構造➡アミノ酸は，C に**カルボキシ基**（−COOH）と**アミノ基**（$-NH_2$）が結合した化合物である。−COOH が結合している C を ***α*炭素**という。そこにアミノ基が結合しているアミノ酸を ***α*-アミノ酸**という（一般式；NH_2−CH（−R）−COOH）。

R（側鎖）部分の構造がアミノ酸によって異なり，主に **20 種類**のアミノ酸により**タンパク質**が構成される。もっとも分子量の小さいアミノ酸はグリシン（R = 水素（H））である。それ以外のアミノ酸は *α* 炭素が**不斉炭素原子**となるため，**鏡像異性体**が存在する。鏡像異性体の区別には，**D-体**と **L-体**の分類があり，天然のアミノ酸は基本的に **L-体**である。

α-アミノ酸の構造

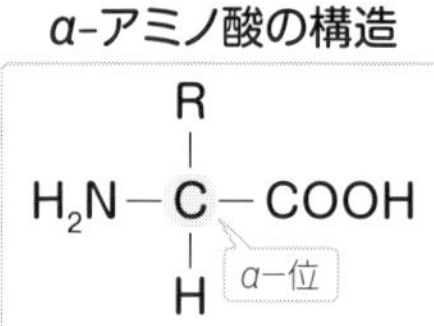

L−アミノ酸の立体構造

COOH
R　C　H
NH_2

性質➡分子内に−COOH（**酸**）と$-NH_2$（**塩基**）があるため，H^+ のやりとりにより**$-COO^-$** と **$-NH_3^+$** になる。そのため，分子内に正と負の電荷をもった**双性イオン**となる。水溶液中でアミノ酸は，陽イオン，双性イオン，陰イオンの状態が平衡状態にあり，それぞれの割合は **pH** により変化する。全体の電荷が 0（ゼロ）になる pH を**等電点**という。等電点は，アミノ酸の種類，つまり R の構造により異なる。

アミノ酸の電荷とpH

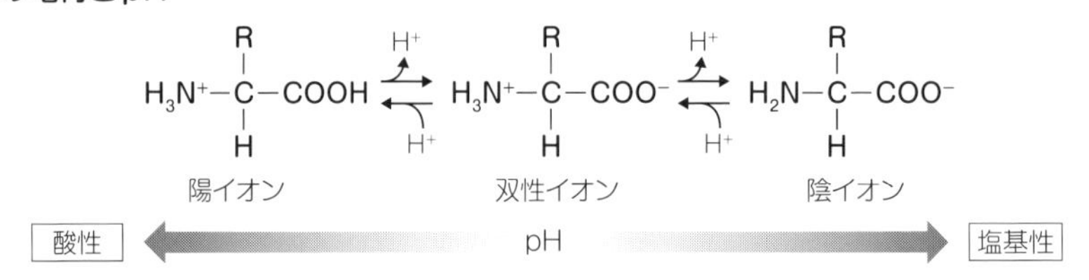

タンパク質とは

α-アミノ酸 2 分子のもつ$-NH_2$と−COOH 間で脱水縮合した部分を**アミド結合**（−CO−NH−）（**ペプチド結合**）という。この結合をもつ化合物を**ペプチド**といい，アミノ酸 2 分子だとジペプチド，多くのアミノ酸から構成されるものをポリペプチド，高分子のペプチドをタンパク質という。構成アミノ酸の種類，配列順，数などによりタンパク質の性質が異なる（11，14 参照）。

練習問題

1 次の空欄を埋めなさい

- アミノ酸は，炭素原子に（① ）基と（② ）基が結合した化合物である。
- アミノ酸は，分子内に（③ ）と（④ ）が存在するため（⑤ ）となる。
- 水溶液の pH を小さくすると（⑥ ），大きくすると（⑦ ）の存在比率が大きくなる。
- アミノ酸水溶液の電荷が 0 になる pH を，そのアミノ酸の（⑧ ）という。もっとも分子量の小さい（⑨ ）以外は，分子中に（⑩ ）をもつため（⑪ ）が存在する。天然のタンパク質を構成するアミノ酸は，主に（⑫ ）である。
- タンパク質は，アミノ酸が（⑬ ）でつながった高分子化合物である。

STEP UP

タンパク質の立体構造を形成するための化学結合

タンパク質を構成するアミノ酸の重合はペプチド結合によってなされているが，ポリペプチド鎖が立体構造を形成する際には，様々な化学結合が用いられている。
水素結合は α ヘリックスや β シートの二次構造をはじめ，三次・四次構造の形成に多く利用される。側鎖の化学的性質により疎水結合（疎水性の側鎖同士により形成される結合）やイオン結合があるほか，アミノ酸の 1 つであるシステインのチオール基同士が共有結合するジスルフィド結合がある。

$H_2N^+-CH(R_1)-C(=O)-NH-CH(R_2)-COOH$

ペプチド結合

水素結合

ジスルフィド結合

〈システイン残基〉

〈システイン残基〉

答えはこちら

11 タンパク質の立体構造

タンパク質の高次構造について理解する

タンパク質はDNAの情報を基にアミノ酸がペプチド結合により連なった鎖を基本構造とするが，機能を有するには複雑な立体構造をとる必要がある。

❶タンパク質の高次構造には一次構造から四次構造まである

❷タンパク質の高次構造には複数の結合様式が関係する

❸タンパク質の機能の調節には翻訳後の修飾が重要な役割を果たす

タンパク質の高次構造

一次構造➡20種類のアミノ酸が，DNAの遺伝情報に基づきアミノ基とカルボキシ基が脱水縮合によりペプチド結合（**10 STEPUP**参照）して，鎖状に生合成される直鎖状のポリマーである（**ポリペプチド鎖**）。ペプチド結合によるタンパク質を表記する際には，左にペプチド結合に関与しない**アミノ基**（N末端），右に**カルボキシ基**（C末端）を配置するのがルールである。

二次構造➡1次構造であるポリペプチド鎖のペプチド結合同士が水素結合することによって立体構造をとる。この立体構造には，らせん状の**αヘリックス**とジグザグ状の**βシート**がある。また，この2つの組み合わせによって様々な構成をもつモチーフ（超二次構造）が存在している。

三次構造➡アミノ酸同士の弱い結合（疎水性相互作用，静電気的相互作用，水素結合）に加えてシステインのチオール基同士が共有結合する**ジスルフィド結合**（**10 STEPUP**参照）により折りたたみが形成されることで安定化する。

四次構造➡複数の三次構造（サブユニット）が分子間で疎水性相互作用や水素結合などで形成される複合体により安定化し，**機能性を有する**。1つのポリペプチド鎖の長さを延長するより効率がよく，また，生物学的機能を制御するのに役立つ。

タンパク質の翻訳後修飾

タンパク質中のセリン残基やトレオニン残基は，ATPを基質として固有のキナーゼ（タンパク質リン酸化酵素）によりリン酸化修飾を受けけることで活性を抑制する。また，メチオニン代謝で生じるSアデノシルメチオニン（SAM）を残基としてアルギニン残基やリシン残基をメチルトランスフェラーゼに作用によりメチル化する。このほかにも，糖鎖修飾や脂質修飾などもある（**28**参照）。

練習問題

1 次の空欄を埋めなさい

- タンパク質の機能はDNAの遺伝情報を基にアミノ酸同士が（①　　　　　）結合したポリペプチド鎖と，三次元的に折りたためられた（②　　　　　）により決定する。ポリペプチド鎖は一般的に左末端には（③　　　　　）基が，また右末端には（④　　　　　）基がくるように書く。
- ポリペプチド鎖中のアミノ酸同士の（⑤　　　　　）によってつくられる（⑥　　　　　）とβシート構造が形成されて，これを（⑦　　　　　）と呼ぶ。また，さらに折りたたまれるために緩く結合する（⑧　　　　　）作用，（⑨　　　　　）作用そしてアミノ酸のシステインのチオール基（SH基）同士の共有結合によって形成される（⑩　　　　　）で安定化されて，これを三次構造と呼ぶ。
- 四次構造は，（⑪　　　　　）と呼ばれる複数の三次構造が，（⑫　　　　　）作用や（⑬　　　　　）で形成される複合体によって安定化する構造でより複雑な三次元構造を形成する。
- タンパク質は翻訳後修飾を受けることが知られており（⑭　　　　　）（⑮　　　　　）（⑯　　　　　）（⑰　　　　　）などが知られている。

STEP UP

タンパク質の選択的分解メカニズム

タンパク質の翻訳後修飾に「ユビキチン化」があり，エネルギー（ATP）依存的に特定のタンパク質をプロテアソームで分解するメカニズムがある。DNA修復，転写制御，免疫応答，細胞周期など様々な生体反応の制御に関与する。ユビキチンは76残基のアミノ酸からなるタンパク質でありユビキチン結合酵素などによって鎖を形成して，標的タンパク質のプロテアソームでの分解を促進する。

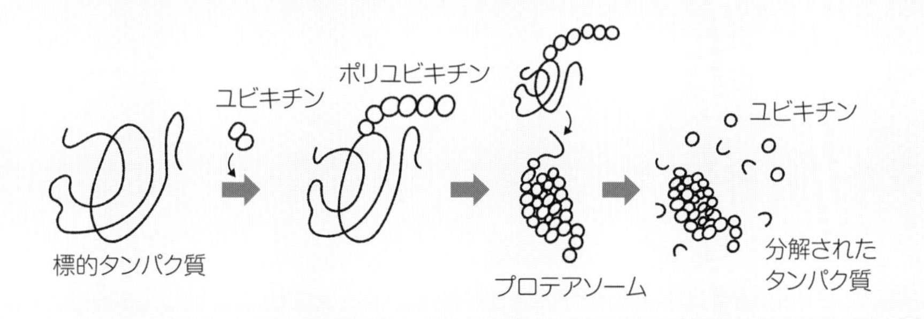

答えはこちら

12 細胞の構造

細胞の構造と機能について理解する

地球上の生物（動植物，微生物）の生命活動の基本単位は「細胞」であり，「膜」によって細胞内と外界に分かれている。

❶細胞を構成する物質は糖質，脂質，ミネラル，タンパク質，アミノ酸，核酸などである
❷真核細胞は「細胞膜」で分割されており，細胞膜に包まれた「細胞質」に多数の成分が含まれている
❸原核細胞は「細胞膜」で包まれており，その外側にある「細胞壁」で保護されている
❹外界からエネルギーを取り込んで細胞内で高エネルギー化合物（ATP，16 参照）をつくることができる

細胞の基本的な構造

核以外の細胞膜によって包まれた内部を「**細胞質**」という。

細胞質には，様々な機能をもつ細胞小器官（オルガネラ）が存在する。ここには，核，ミトコンドリア，ゴルジ体，液胞，小胞体，葉緑体，リボソーム，リソソームがあり，それを取り囲む細胞質基質（サイトゾル）がある。

細胞小器官の機能

細胞壁：細胞膜の外側に存在し，**全透性**をもつ

細胞膜：特定の成分のみ通す，**半透性**をもつ

細胞質		細胞質基質（サイトゾル）	
ゴルジ体	核	リボソーム	小胞体
タンパク質の合成・修飾	DNA や RNA の合成・複製	アミノ酸からのタンパク質合成	タンパク質をゴルジ体へ輸送
葉緑体	リソソーム	液　胞	ミトコンドリア
植物に存在し光合成を行う	糖や脂質を分解	栄養素の貯蔵・分解	真核生物に存在，呼吸によりエネルギー産生

DNA：デオキシリボ核酸，RNA：リボ核酸

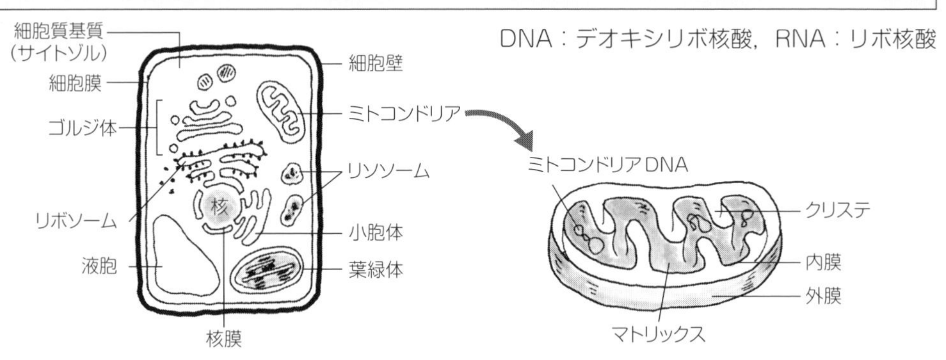

練習問題

1 次の空欄を埋めなさい

- 原核細胞と真核細胞との違いは（①　　　）に包まれた（②　　）があるかないかである。
- 核は，（③　　　　）や（④　　　　）を合成・複製したりする器官であり，細胞の遺伝情報の大部分が存在している。
- 細胞の核以外の部分を（⑤　　　　）と呼び，その外側は（⑥　　　　）で包まれている。
- （⑦　　　　）は細胞膜の外側に存在している。
- 細胞膜は，物質の出入りを制限する（⑧　　　　）性を示し，細胞壁は（⑨　　　　）性を示すことから物質の出入りは自由である。
- 細胞膜で覆われた内側には（⑩　　　　）があり，その中は（⑪　　　　　）で満たされている。
- ミトコンドリアはすべての（⑫　　　　　）に存在する細胞小器官であり，（⑬　　　）によりエネルギーを産生する場所である。
- ミトコンドリアは２枚の膜でできており，その内部は内膜がひだ状になって突出している。この部分を（⑭　　　　）といい，内膜に囲まれた部分を（⑮　　　　　）という。
- タンパク質を合成・修飾したり，細胞小器官へ輸送したりする小器官は（⑯　　　　）である。
- （⑰　　　　）は，植物や藻類にみられる光合成を行う場所である。
- （⑱　　　　）は，栄養素などの物質を貯蔵・分解したりする場所である。
- アミノ酸からタンパク質を生産する場所は（⑲　　　　　）であり，細胞の中でのタンパク質合成にきわめて重要である。
- （⑳　　　　　）は，ゴルジ体から生じる小胞であり，細胞内に取り込まれた糖質や脂質などを分解する場所である。
- 表面にリボソームが存在しており，リボソームで合成されたタンパク質を取り込んでゴルジ体に輸送する器官を（㉑　　　　）という。

答えはこちら⬇

13 5大栄養素について①（糖質・脂質）

細胞機能を維持する5大栄養素の役割を理解する

動物は外から栄養（糖質・脂質・タンパク質・ビタミン・ミネラル）を取り入れて，生命活動を維持している。栄養素には体内で主にエネルギー源として利用されるものと，それ以外のものに分かれる。

❶ 糖質と脂質はエネルギー源になる栄養素で，体内で貯蔵することができる

❷ 糖質と脂質は最終的にアセチル CoA に代謝され，クエン酸回路で酸化還元反応により高エネルギー化合物（ATP）を生合成する

糖質ついて

糖質は自然界でもっとも多く存在する有機化合物であり，多くは$(CH_2O)_n$として表すことができる（別名：**炭水化物**）。糖質は単糖，二糖，オリゴ糖，多糖に分類することができ，植物で生合成されるものが多い。

多糖は，単糖が 20 個以上グリコシド結合によりつながったものをさし，構成する単糖が 1 種類の場合は**単純多糖**（デンプン，グリコーゲン，セルロース）という。また，複数の場合を**複合多糖**（グルコサミノグルカン，ヒアルロン酸）と呼ぶ。

糖質は消化・吸収の過程で単糖（主にグルコース）となり，解糖系，クエン酸回路に取り込まれて電子伝達系を経て**エネルギー化合物（ATP）を産生**し生命活動を維持する（9 参照）。

脂質について

一般式 **R − COOH**（R は炭化水素鎖）で表される**脂肪酸**によって構成される。脂質には，脂肪酸が 3 つグリセロールに結合したトリアシルグリセロール（中性脂肪）や，リン脂質，コレステロールなどがある。

中性脂肪として体内に吸収されたのち，脂肪酸はクエン酸回路・電子伝達系を経て**エネルギー化合物（ATP）を産生**する。体内で脂肪酸は生合成できるが，できない脂肪酸にリノール酸，リノレン酸，アラキドン酸があるが，生体内調整物質として重要な役割をもっている。

一方，リン脂質はホスファチジン酸に脂肪酸が 2 つ結合したもので細胞膜の構成の役割をもつ。また，コレステロールは**細胞膜の構成因子**であるほか，**ビタミン D やステロイドホルモンの前駆体**でもある。

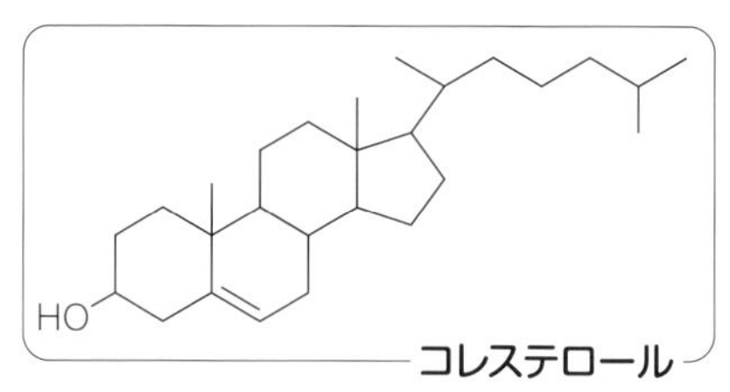

コレステロール

脂肪酸

$CH_3-(CH_2)_{16}-COOH$

ステアリン酸（C18）飽和脂肪酸

$CH_3-CH_2-CH=CH-CH_2-CH=CH-CH_2-CH=CH-(CH_2)_7-COOH$

リノレン酸（C18）不飽和脂肪酸

練習問題

1 次の空欄を埋めなさい

- 糖質は自然界にもっとも多く存在する（① ）であり，（② ）とも呼ばれる。糖質は（③ ），（④ ），（⑤ ），（⑥ ）に分類することができる。
- 二糖に含まれるものに（⑦ ），（⑧ ），（⑨ ）がある。これらの糖は単糖が（⑩ ）結合しており，非還元性の二糖は（⑪ ）である。
- 体内で脂肪酸は生合成できるが，できない脂肪酸に（⑫ ），（⑬ ），（⑭ ）があり生体内調整物質として重要な役割をもっている。
- 中性脂肪は（⑮ ）が３つグリセロールに結合したものであり，生体内では主に（⑯ ）に代謝されて（⑰ ）として利用されている。
- 脂肪酸を構成因子とする（⑱ ）は細胞膜の構成成分としての役割をもつ。
- コレステロールは細胞膜の構成成分であるとともに，ホルモンや（⑲ ）の合成基質として体内の構成には欠かせない成分である。

STEP UP

- 糖の誘導体には，糖の代謝過程で生じる糖リン酸（グルコース-６-リン酸など），アミノ糖（グルコサミンなど），糖アルコール（グリセロールなど），アスコルビン酸（ビタミン C）がある。デンプンとセルロースはグルコースが構成成分の多糖であるが，グリコシド結合（デンプン；α-1,4-グリコシド結合，セルロース；β-1,-4グリコシド結合）の違いにより，ヒトの体内での消化が異なる。
- コレステロールは体内でアセチル CoA から生合成でき，脂質の消化・吸収や遺伝子発現調節に必要な胆汁酸，遺伝子発現調節にかかわるビタミン D や性ホルモンの前駆体として重要である。
- 不飽和脂肪酸のアラキドン酸からは細胞間情報仲介物質であるプロスタグランジン，ロイコトリエン，トロンボキサン（３つを総称してエイコサノイド）が生合成される。

答えはこちら ↓

14 5大栄養素について②(アミノ酸・タンパク質)

タンパク質やアミノ酸の体内での役割を理解する

タンパク質は DNA の遺伝子情報によりアミノ酸を用いて生合成される成分であり，体の構成成分や酵素などの調節成分として作用している。

❶タンパク質は 20 種類のアミノ酸により生体内で遺伝子の情報に基づいて生合成され，生物間を超えて保存されているものがある

❷タンパク質には，構造タンパク質と機能タンパク質がある

❸アミノ酸は生体機能調節にかかわっている

アミノ酸について

アミノ酸はタンパク質の構成成分以外に，エネルギー源としての基質や生体アミンとして生体機能調節にかかわっている。

体内の糖が不足したときに糖新生と呼ばれる経路により，グルコースが生合成されるアミノ酸がある（**糖原性アミノ酸**）。また分岐鎖アミノ酸である，ロイシン，イソロイシン，バリンは筋肉で**エネルギーに変換**される。さらに，アミノ酸からできている**生体アミン**（**神経伝達物質**）は，様々な生体調節因子として機能している。

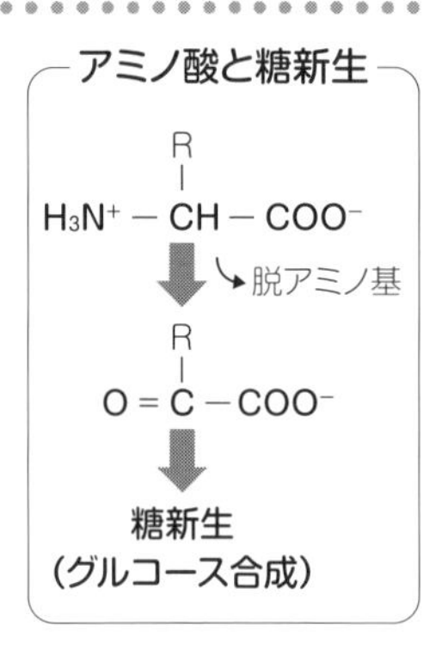

タンパク質について

タンパク質は消化・吸収過程でアミノ酸にまで分解されたあと，遺伝情報に基づき再び 20 種類のアミノ酸からタンパク質が生合成されて生命活動を維持する。そして，体内において様々な働き（役割）をもっている。

構造タンパク質

構造としての役割➡タンパク質が線維状になることで，体を構成する筋線維や細胞の形態の維持に関与している。

機能タンパク質

酵素としての働き➡主にタンパク質で構成されている酵素は，生体内の生化学反応を触媒して代謝を制御する。特定の基質にのみ作用し（**基質特異性**），特定の反応だけに対して触媒作用を示す（**反応特異性**）（16 参照）。

情報伝達物質の働き➡タンパク質は，神経伝達物質の受容体や，インスリンなどのホルモンとして機能して生体内へ細胞内外の情報を伝達する。

練習問題

1 次の空欄を埋めなさい

- タンパク質を構成するアミノ酸は(①)種類ある。アミノ酸は共通して(②)基と(③)基をもち，そしてそれぞれ異なる(④)が存在する。この異なる部分がアミノ酸の性質の違いを生み出す。
- アミノ酸はタンパク質の構成成分以上に，(⑤)として生体機能調節にかかわっている。
- タンパク質の一次構造は，タンパク質を構成するアミノ酸の(⑥)のことである。
- タンパク質には，体を構成する(⑦)タンパク質と酵素や情報伝達の働きをする(⑧)タンパク質がある。

STEP UP

生体アミンの例

アミノ酸の中で，非タンパク原性アミノ酸に尿素生合成で必要なオルニチン，シトルリン，チロシンのヒドロキシ化で生じるドーパ，システインの類縁体セルノシステインなどがあげられる。また，脱炭酸反応により生体内で生体アミンを生じ，生体の調節因子などの作用を有する。

アミノ酸		アミン	機 能
アスパラギン酸	→	β - アラニン	補酵素 A の構成因子
グルタミン酸	→	γ - アミノ酪酸	神経伝達物質(GABA)
ヒスチジン	→	ヒスタミン	神経伝達物質，メディエーター
セリン	→	エタノールアミン	リン脂質の構成因子
ドーパ	→	ドーパミン	神経伝達物質

答えはこちら

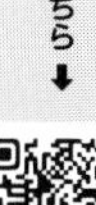

15 5大栄養素について③（ビタミン・ミネラル）

ビタミンやミネラルの体内での役割について理解する

ビタミンはヒトの糖質・脂質・タンパク質以外の有機化合物で，健康保持のために必須微量成分である。また，ミネラルは骨格維持や，生体の調節に必須な成分である。

ビタミンについて

ビタミンは生体内で生合成できない，できても必要量合成できない有機化合物で欠乏症がある。
また，エネルギー源にも体構成成分にもならないが代謝を助ける働きがある。
ビタミンは**水溶性ビタミン**と**脂溶性ビタミン**の２つに区分される。

水溶性ビタミン➡ビタミン B_1（チアミン），ビタミン B_2（リボフラビン），ビタミン B_6（ピリドキシン），ビタミン B_{12}（コバラミン），ナイアシン，葉酸，パントテン酸があり，これらは酵素活性に必要な**補酵素作用**をもつ。また，ビタミンＣ（アスコルビン酸）もあるが，補酵素作用はなく**抗酸化作用**をもっている。

脂溶性ビタミン➡ビタミンＡ（レチノール）：視覚作用，遺伝子発現制御 など
ビタミンＤ（カルシフェロール）：ミネラル吸収，遺伝子発現制御 など
ビタミンＥ（トコフェロール）：抗酸化作用 など
ビタミンＫ（フィロキノン）：血液凝固酵素の補因子

ミネラルについて

炭素（C），水素（H），窒素（N），酸素（O）以外の元素のことをさす。
ミネラルは生命活動の潤滑油といわれており，骨や歯の形成の関与や，イオンとして緩衝液・浸透圧調節としての機能，酵素の反応に関与など，多様な生理作用をもつ。

カルシウム➡骨や歯に存在して硬組織の構造に必要で，ホルモンやビタミンＤにより代謝が調節されている。また，筋肉の収縮，血液凝固，細胞内シグナル因子としても機能している。

リン➡カルシウムとともに骨や歯などの硬組織に存在する。カルシウム同様にホルモンやビタミンＤによって代謝が調節されている。

マグネシウム➡骨や歯などの形成にかかわっており，高エネルギー化合物（ATP）を利用する酵素の活性に必要である。

ナトリウム・カリウム➡細胞外液の陽イオンとして浸透圧や pH 調節や血圧調節を行う。また，能動輸送にもかかわる。

鉄➡ヘムタンパク質の構成因子。酸素運搬（ヘモグロビン），筋肉収縮（ミオグロビン），酸化酵素（シトクロム）など酸素運搬，貯蔵，酸化還元反応などの生理作用に必要である。

亜鉛➡多くのタンパク質と結合し，触媒作用や構造の維持に必要となる。

練習問題

1 次の空欄を埋めなさい

- ビタミンは体内で生合成できない有機化合物である。体内で（①　　　）にも（②　　　）にも利用されないが，一部，（③　　　）と（④　　　）は生体内で生合成可能であるが，必要量が不足すると健康障害が現れる。
- ビタミンには（⑤　　　）と（⑥　　　）があり，生理作用が異なる。
- 脂溶性ビタミンにはビタミン（⑦　　　），（⑧　　　），（⑨　　　），（⑩　　　）が存在する。
- 水溶性ビタミンのビタミン（⑪　　　）は抗酸化作用，それ以外の水溶性ビタミンは（⑫　　　）の作用をもっている。
- 脂溶性ビタミンのビタミンAとDは（⑬　　　）と結合して遺伝子の発現を調節する。
- ビタミンDは，ミネラルの（⑭　　　）や（⑮　　　）の吸収・代謝に関係していて，骨や歯の硬組織の形成にかかわっている。
- ビタミン（⑯　　　）と（⑰　　　）は抗酸化作用をもつ。
- 硬組織など構造的機能をもつミネラルに（⑱　　　），（⑲　　　），リンがある。
- 生体調節機能には，体液のpH調整，浸透圧など恒常性維持に（⑳　　　）と（㉑　　　）がかかわり，そのほかにリンなどがある。

STEP UP

ビタミン・ミネラルの欠乏症と機能

ビタミンの欠乏症の代表的なものに夜盲症（ビタミンA），皮膚炎（ビタミンA），くる病（ビタミンD），血液凝固障害（ビタミンK），口内炎（ビタミンB_2），ペラグラ（ナイアシン），貧血（葉酸・ビタミンB_{12}），壊血病（ビタミンC）などがある。
ビタミンDは，コレステロールから皮膚→肝臓→腎臓で代謝されて活性型となる。
またナイアシンはアミノ酸であるトリプトファンから一部生合成することができる。
ナイアシンからできるNAD^+は酸化還元酵素の補酵素として機能する。
ビタミンのうち，AとDはその活性本体（代謝物）が核内受容体と結合することで，DNAに結合し特定の遺伝子の発現を正に制御する。
ミネラルの欠乏症にはくる病（カルシウム），熱性痙攣（ナトリウム），貧血（鉄），味覚障害（亜鉛）などがある。
カルシウム吸収は乳酸やクエン酸によって促進，リン酸，シュウ酸（ほうれんそう）により阻害される。鉄はフィチン酸（小麦ふすま）によって吸収阻害が起こる。

答えはこちら↓

16 エネルギー

高エネルギー化合物の体内での役割につい理解する

❶高エネルギー化合物であるアデノシン三リン酸（ATP）は，糖や脂肪酸の代謝で生合成される細胞内の化学エネルギー運搬形態である
❷ATP の分解で生じるエネルギーは生合成，運動，輸送に用いられて生命活動維持に必要である

体内でのエネルギーの働き

糖質，脂質，タンパク質は代謝過程で高エネルギー化合物である**アデノシン三リン酸（ATP）**の生合成にかかわる。

ATP➡アデノシン三リン酸。ATP は 3 つのリン酸基とリボース，アデニン（塩基）からなる。3 つのリン酸基は不安定なピロリン酸結合でつながって，マグネシウム錯体を形成している。加水分解を受けやすい化合物で，ADP と無機リン酸（Pi）となるリン酸無水結合開裂の際の自由エネルギー変化は－30.5 kJ/mol である。代謝反応でリン酸基が反応物に移り反応性の高い生成をすることで，代謝が進行する。また，ATP は化学エネルギーの運搬のみならず，核酸（RNA と DNA）の構成因子でもある。さらに，ホルモンなどが細胞膜受容体に結合すると AC（アデニル酸シクラーゼ）の作用により細胞内で ATP から細胞内シグナル分子として情報伝達因子の働きをする cAMP（サイクリック AMP）が産生する。

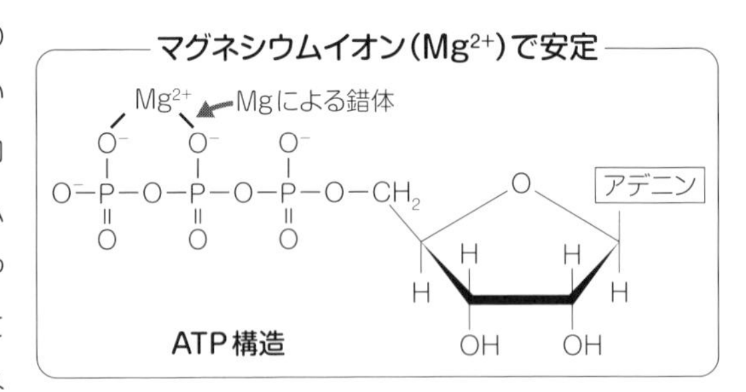

ATP 構造

ATP 以外の高エネルギー化合物➡プロテインホスファターゼの作用によりタンパク質の構成アミノ酸のうち，セリン残基とトレオニン残基は ATP によりリン酸化されることで機能制御を受ける（活性化・不活性化）**クレアチンリン酸**はアミノ酸の 1 つであるクレアチンがリン酸化されたもので，激しい筋肉運動で ATP の代わりに用いられる。また，**グアノシン三リン酸（GTP）**も高エネルギー化合物として作用する。

解糖系➡リン酸基をほかの化合物に転移させる能力（**リン酸基転移ポテンシャル**）の高い化合物が生成され，アデノシン二リン酸（ADP）にリン酸基を転移して ATP を生合成する（糖などのリン酸化）。

酸化的リン酸化➡糖質，脂肪酸，タンパク質の炭素原子（C）は還元状態にあるため，アセチル CoA に代謝後，ミトコンドリア内のクエン酸回路の酸化的反応で生じる NADH などの還元型の電子伝達体を再酸化した際のエネルギーで ADP とリン酸から再生される。

練習問題

1 次の空欄を埋めなさい

- ATP の構成する糖は (①) で塩基は (②) であり，リン酸が結合している。
- ATP が加水分解されるときの自由エネルギー変化は (③) kJ/mol である。
- ATP はタンパク質中のアミノ酸の (④) または (⑤) をリン酸化することでタンパク質の機能を制御する。
- ATP はホルモンなどの刺激を受けて，(⑥) が活性化することで (⑦) に代謝されて細胞内シグナル因子として機能する。
- 糖は解糖系で ATP を用いて (⑧) することで，リン酸基転移ポテンシャルの高い化合物を合成し，その後，ADP にリン酸基が転移して ATP を生合成する。
- 糖や脂質，(⑨) の炭素原子は (⑩) 状態にあり，酸化還元反応で生じる還元型の電子伝達体である (⑪) が電子伝達系で (⑫) により ATP 合成酵素の作用で ADP から ATP が生合成される。
- ATP 以外の高エネルギー化合物には (⑬) や (⑭) がある。

STEP UP

ATP と筋運動（20 参照）

- 細胞内の比率は通常の条件では ATP は ADP の 5 ～ 10 倍量存在している。
- クレアチンは高エネルギー化合物の貯蔵型として働く。ATP が筋肉収縮のエネルギー源として速やかに消費される場合には，これらのクレアチンリン酸は筋肉内の ATP 濃度維持のために用いられる。ATP が豊富なときにはクレチンリン酸が高エネルギーリン酸として貯蔵される。

グルコース / CO_2，H_2O ⇄ ADP / ATP ⇄ クレアチンリン酸 / クレアチン ⇄ ADP / ATP → 筋運動

答えはこちら ↓

17 酵素と補酵素の役割

酵素と補酵素について一般的な役割を理解する

酵素と補酵素は，生体の中で起きる様々な反応（代謝・分解など）に重要な生物的触媒であり，生命活動の維持に必要不可欠である。

❶酵素の働きには「基質特異性」があり，決まった基質としか反応しない

❷酵素は pH，温度により影響を受け，最適な条件がある（至適 pH，至適温度）

❸補酵素は非タンパク質性物質であり，ビタミンなどからつくられる有機化合物と生体内の酸化・還元反応に必要な NAD^+ などがある

酵素と補酵素の働き

酵素は，タンパク質からできており，生体内での様々な反応により酵素が働くことで，**活性化エネルギーを下げる**役割がある。一般的な酵素反応は，酵素活性部位に基質が結合して「**酵素－基質複合体**」を形成して反応が進んでいく。また，酵素濃度と反応速度は比例している。酵素と基質の反応には，補酵素（ビタミンなど）がないと反応が進まないこともある。

触媒➡化学反応の反応速度を速める物質。

基質➡酵素と反応する反応物。

基質特異性➡酵素が反応する相手を選ぶ性質で，決まった基質としか反応しない。

活性部位➡酵素反応が進むために基質が結合する部位。

最適 pH，最適温度➡酵素による触媒反応が最大になるときの pH および温度。

アポ酵素➡単独では酵素活性を示さないタンパク質。

ホロ酵素➡アポ酵素に補酵素が結合して活性をもったタンパク質。

補酵素➡非タンパク質物質で活性はなく，ある酵素の反応に必要な物質。

ビタミン：補酵素の構造の骨格となる有機化合物。

NAD^+：ニコチンアミドアデニンジヌクレオチド。多くの生体内の酸化・還元反応の補酵素。

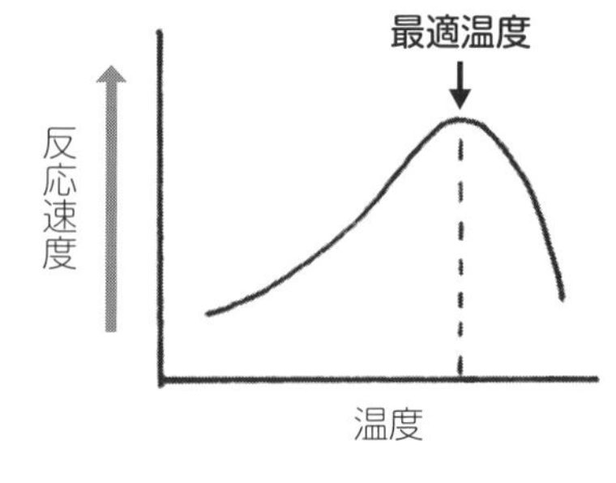

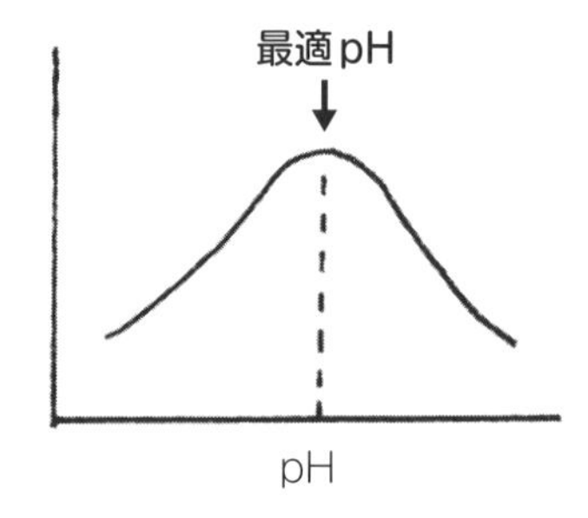

練習問題

1 次の空欄を埋めなさい

- 酵素は（①　　　）が多数連結した（②　　　　　）からできており，様々な化学反応の（③　　　　）として働く。
- 酵素は化学反応の際の（④　　　　　　　）を下げる役割がある。
- 酵素は反応する相手を選ぶ性質があり，それを（⑤　　　　）といい，酵素は決まった基質にしか作用しない。
- 酵素反応は酵素と基質が結合して（⑥　　　　　　　）を形成して反応が進行していく。
- 反応速度は酵素濃度と比例しており，酵素の濃度が2倍になると反応速度も（⑦　）倍となる。
- 酵素による反応で酵素がもっともよく作用するときの温度を（⑧　　　　）という。
- 反応温度と同様に，酵素反応はpHによっても影響を受ける。酵素がもっともよく作用するときのpHを（⑨　　　　）という。
- 酵素の多くは酵素の一部に非タンパク質性の物質を必要とするが，それらを（⑩　　　　）という。
- 多くの酵素は補酵素が結合することで酵素活性を示すが，（⑪　　　　）は単独では活性を示さない。
- 補酵素が結合して活性をもつようになった酵素を（⑫　　　　）という。
- 生体内での反応の多くは酸化還元反応であり，それにかかわる代表的な補酵素は（⑬　　　　）である。
- 補酵素の構造の多くは（⑭　　　　）が構成成分となっている。

STEP UP

「基質」と「酵素」は「鍵」と「鍵穴」の関係

酵素反応は，基質が酵素に存在する活性部位に結合することで，酵素ー基質複合体をつくり，酵素反応が進行する。活性部位に結合する基質のかたちは決まっているので，まるで「鍵」と「鍵穴」の関係である。

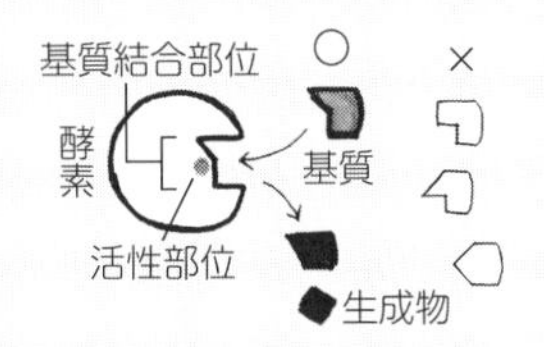

答えはこちら

18 光合成のしくみ

光合成について「19 エネルギー獲得」のしくみとあわせて理解する

葉緑体の役割を含めて光合成の基礎について理解する。

❶光合成は，光エネルギーを使って低エネルギーの CO_2（二酸化炭素）と H_2O（水）から O_2（酸素）と高エネルギーの炭水化物をつくる反応である

❷葉緑体には光合成色素が含まれており，光化学反応に重要である

❸チラコイドでは NADPH を生成する光化学系Ⅰと水を分解して電子，プロトン，酸素を生成する光化学系Ⅱの 2 つの複合体があり，光リン酸化で ATP をつくる

❹カルビン・ベンソン回路は光化学反応により生成したエネルギーを使って二酸化炭素を取り込む（炭酸固定）経路である

❺ルビスコは炭酸固定を触媒するほか，光呼吸においても重要である

光合成の基礎

光合成は主に植物が行う「**光エネルギー**」を「**化学エネルギー**」に変換する光化学反応で，炭水化物（$C_6H_{12}O_6$）などの有機化合物をつくる反応である。

$$6CO_2 + 6H_2O \rightarrow C_6H_{12}O_6 + 6O_2$$

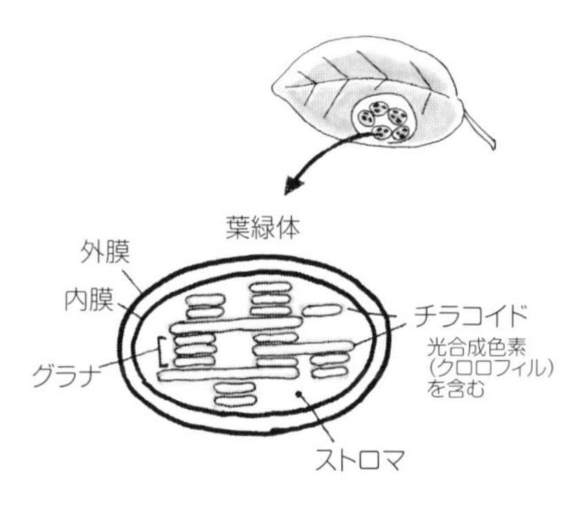

葉緑体：ミトコンドリアに似た構造をもつ細胞小器官
光合成が行われる場所。光合成色素をもつ

グラナ：葉緑体内部ある円盤状のチラコイドが積み重なった場所

光合成色素：一般的にクロロフィルをさす。光化学反応に重要で光エネルギーを吸収する

光化学系Ⅰ：光エネルギーを使い，$NADP^+$ から NADPHと水素をつくる

光化学系Ⅱ：光エネルギーを使い，水（H_2O）を分解する

光リン酸化：光合成電子伝達系で生じたプロトン濃度勾配を利用してATPを合成する

光呼吸：O_2 が消費して CO_2 が固定される

NADPH：ニコチンアミドアデニンジヌクレオチドリン酸高エネルギー化合物

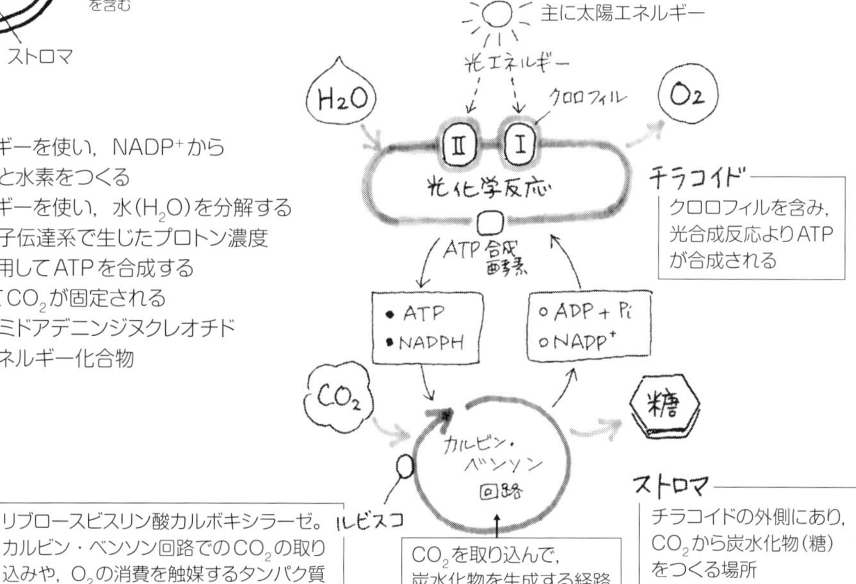

練習問題

1 次の空欄を埋めて文章を完成させなさい

- 光合成は植物が太陽の（①　　　　　）を利用して炭水化物（$C_6H_{12}O_6$）を合成することである。
- 植物において光合成は細胞中の（②　　　　）で行われ，大気から取り込まれた（③　　　　），土壌から取り込まれた水と光エネルギーから（④　　　　）と水をつくり，炭水化物をつくる。
- 葉緑体は二重の膜で包まれており，内部には可溶性部分の（⑤　　　　）があり，円盤状の袋である（⑥　　　　）が積み重なった（⑦　　　　）がある。
- 葉緑体中に存在して光エネルギーの吸収に作用する色素を（⑧　　　　）といい，タンパク質と結合した形でチラコイド膜に存在している。
- クロロフィルは植物，藻類，シアノバクテリアに含まれている光合成色素であり，（⑨　　　　　）に重要である。
- チラコイドで行われる光化学反応は２つの光化学系を必要とし，光化学系Ⅰは光エネルギーを用いて $NADP^+$ から（⑩　　　　　）を生成する反応である。
- 光化学系Ⅱは光エネルギーを使って（⑪　　　　）を分解して電子，プロトン，酸素を生成する反応である。
- 水の分解により生じたプロトンがチラコイド内腔からストロマに浸透する際に，ATP合成酵素によりATPが合成される。この反応を（⑫　　　　　）という。
- 光化学反応によって生成したNADPHとATPを利用して二酸化炭素を取り込んで炭水化物を生成する経路を（⑬　　　　　　　）という。
- カルビン・ベンソン回路での二酸化炭素の取り込みは（⑭　　　　　）によって触媒される。
- ルビスコは二酸化炭素を固定するだけでなく（⑮　　　　）を消費する反応も触媒する。
- 酸素を消費し二酸化炭素が固定されることを（⑯　　　　）という。

答えはこちら⬇

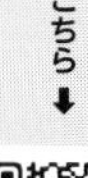

19 エネルギー獲得のしくみ

生物がエネルギーを獲得するしくみについて理解する

生物が生命活動を行っていくためには，エネルギー物質であるATPを合成する必要がある。ここでは生物の細胞内で行われる代謝とATP獲得について理解する。

❶エネルギーを放出する異化とエネルギーを必要とする同化に分けられる
❷解糖系グルコースをピルビン酸まで変換は細胞質基質で行われる
❸クエン酸回路はミトコンドリアで行われ，エネルギーを生産する経路
❹電子伝達系はATPを合成する経路

エネルギー獲得のしくみ

生物がエネルギーを獲得するためには解糖系・クエン酸回路・電子伝達系の一連の代謝経路によるATP合成が重要である。**酸素がない条件**では解糖系を経て，**乳酸発酵**で乳酸，**アルコール発酵**でエタノールと二酸化炭素をつくることで代謝を回している。

代謝のしくみ

異化➡大きな物質を分解してエネルギーを獲得すること。また，代謝において酸素が必要な異化を**呼吸**，酸素を使わない異化を**発酵**という。
同化➡細胞内に取り入れた物質を使ってより大きな物質をつくること。
解糖系➡グルコースを分解してピルビン酸をつくる反応。2分子のATPが生成。
基質レベルでのリン酸化➡別の分子からADPにリン酸を移しATPを合成すること。
アセチルCoA➡ピルビン酸の脱炭酸により生成される高エネルギー化合物。
クエン酸回路➡**酸素がある条件**でアセチルCoAを分解してエネルギーを生成する経路で，アミノ酸合成にも重要。トリカルボン酸(TCA)回路ともいう。
NADH➡NAD^+の還元型補酵素であり，NADHの酸化によりプロトンとともに生成する
電子伝達系➡解糖系とクエン酸回路で得たエネルギーからATPを合成する経路である。
ATP合成酵素➡代謝の過程で得られたプロトンを使ってATPを合成する酵素。
酸化的リン酸化➡酸化により放出されたエネルギーを使ってATPを合成すること(16参照)。

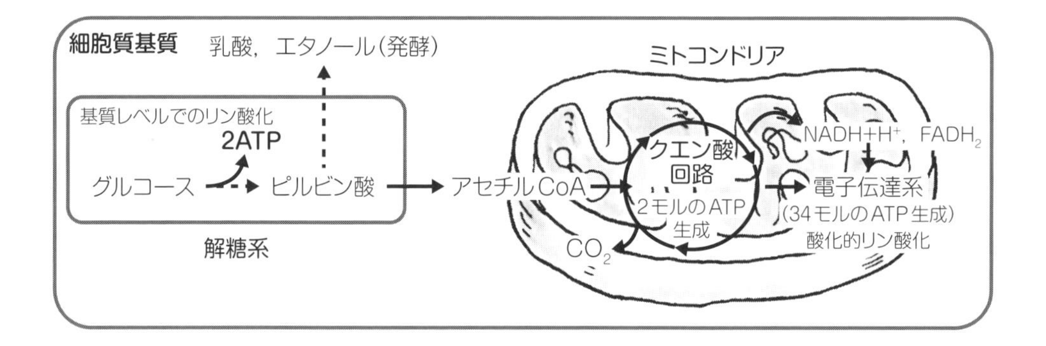

練習問題

1 次の空欄を埋めなさい

- 外部から取り入れた物質を基にして大きな分子をつくることを（① ）といい，その過程で（② ）を必要とする。
- 大きな物質を分解して小さな物質をつくることを（③ ）という。
- 酸素が必要な異化を（④ ）といい，酸素を使わない異化を（⑤ ）という。
- 解糖系は細胞質基質で行われ，（⑥ ）が（⑦ ）まで分解される過程で（⑧ ）が生成される経路である。
- 解糖系で起こるATP生成を（⑨ ）という。
- 解糖系で生じたピルビン酸は脱炭酸されて（⑩ ）に変換される。
- クエン酸回路はミトコンドリアのマトリックスで行われ，（⑪ ）がある条件下での中心的なエネルギー獲得経路である。
- アセチルCoAが水と二酸化炭素まで完全分解される過程で（⑫ ）や$FADH_2$などのエネルギーが生成される。
- クエン酸回路は（⑬ ）の合成にも重要な経路である。
- 電子伝達系はミトコンドリア内膜で行われ，解糖系とクエン酸回路で生じた（⑭ ）を酸素に受け渡して水になる過程で大量のATPを合成する経路である。
- 電子伝達系でのATPは（⑮ ）によってつくられる。このATP生成を（⑯ ）という。
- アルコール発酵は酸素がない条件下でグルコースが（⑰ ）と（⑱ ）に分解される反応である。
- 乳酸発酵は酸素がない条件下でグルコースが（⑲ ）に分解される反応である（乳酸菌による発酵）。
- アルコール発酵と乳酸発酵はともに（⑳ ）を経由するのは同じである（酵母による発酵）。

答えはこちら⬇

20 筋肉の収縮と ATP

筋肉の収縮と ATP との関連について筋肉の構造とあわせて理解する

筋肉は ATP の消費と合成により持続的に活動し，筋肉を構成する器官（筋原線維，アクチン，ミオシン，トロポミオシン）と ATP 分解と合成に重要な物質（グリコーゲン，クレアチンリン酸，乳酸）がかかわっている。

❶骨格筋は筋原線維を含む筋線維からなっている
❷筋原線維はアクチンとミオシンというタンパク質が線維（フィラメント）状になっており，サルコメアが収縮して ATP が消費される
❸クレアチンリン酸は筋肉中のエネルギー物質であり，ATP 再合成に重要である
❹運動によりエネルギー不足になるとグリコーゲンの分解により生成した乳酸からクレアチンリン酸が再合成される
❺乳酸は糖新生によりグルコースに再生される

筋肉収縮のメカニズム

筋肉は生体が活動するうえで，体の様々な器官を動かす重要な組織である。筋肉を動かす（筋収縮）ことにより ATP の分解と再合成が行われる。

筋原線維は，骨格筋を形成する細胞（筋線維）の中にある糸状の構造物で，**アクチンフィラメント**（アクチンから構成された細い線維状線維）と**ミオシンフィラメント**（ミオシンから構成された太い線維状繊維）が配列している。アクチンフィラメントにはアクチンの動きを調節するトロポミオシンが取り巻くように結合しており，ミオシンフィラメントの頭部には **ATP 分解酵素**が結合している。また，アクチンとミオシンが整列した Z 膜から Z 膜までを**サルコメア**といい，ここが収縮することで ATP が消費される。

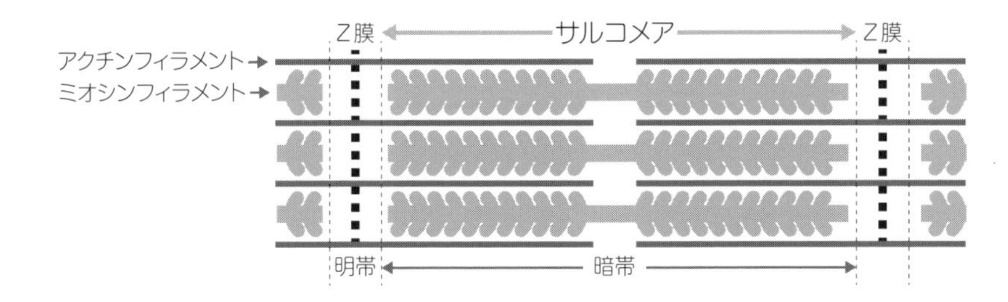

ATP は筋肉収縮におけるエネルギー源であり，筋肉中にはグルコースが枝分かれして結合した高分子の**グリコーゲン**とクレアチンにリン酸が結合した**クレチンリン酸**が蓄えられている。運動により筋肉の収縮が起きると，クレアチンリン酸からリン酸が外れることで生じたエネルギーにより **ADP（アデノシン二リン酸）**から ATP が合成される。運動の継続により筋肉中のクレアチンリン酸が枯渇すると，グリコーゲンが**解糖**により分解されて**乳酸**になる。このときに生じる ATP を利用してクレアチンリン酸が再合成される。解糖により生じた乳酸はクエン酸回路で完全に分解され，そのときに生じたエネルギーを用いてグルコースが産生される。この経路を**糖新生**という。

練習問題

1 次の空欄を埋めて文章を完成させなさい

- 骨格を動かすのは (①) であり，多数の (②) が含まれている。
- 筋原線維は細い (③) と太い (④) が配列している。
- ミオシンフィラメントの頭部は (⑤) として働く。
- アクチンフィラメントには (⑥) が取り巻くように結合している。
- (⑦) が収縮して ATP が消費される。
- ATP は筋肉の収縮におけるエネルギー源であり，筋肉中には (⑧) と (⑨) が蓄えられている。
- 運動により筋肉の収縮が起きるとクレアチンリン酸からリン酸が外れることにより生じたエネルギーにより (⑩) から ATP が合成される。
- 運動の持続により筋肉中のクレアチンリン酸が枯渇すると，グリコーゲンが (⑪) により分解されて (⑫) になる。このときに生じるエネルギー (ATP) を利用してクレアチンリン酸が再合成される。
- 解糖により生じた乳酸は (⑬) で完全に分解され，そのときに生じたエネルギーを用いて (⑭) が産生される。この経路を (⑮) という。

STEP UP

滑り説

筋収縮はミオシンフィラメントの間にアクチンフィラメントが滑り込むことで起こり，サルコメアが収縮して ATP が消費されている。これは「滑り説」といわれ現在広く認知されている。
1954 年に A.F. ハクスリーらにより提唱された筋肉の収縮における一般的なメカニズムである。筋肉の収縮と ATP 分解が関係している重要な学説といえる。

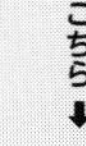

21 遺伝のしくみ

親から子へ遺伝情報が伝わるしくみを理解する

❶生物の形質が次世代へと受け継がれる現象を遺伝といい，伝わる情報を遺伝情報という
❷生物の形質は遺伝子によって決まる。遺伝子の実体は DNA という化学物質である
❸精子や卵子には相同染色体の片方のみが分配されるため，子は両親の染色体（DNA）を半分ずつ受け継ぐ

遺伝と遺伝子

生物の形質（色や形，大きさなどの特徴）が次世代へと受け継がれる現象のことを**遺伝**という。生物の形質はその生物がもつ遺伝子によって決まる。遺伝子の実体は **DNA（デオキシリボ核酸）**という化学物質である。

遺伝現象を初めて科学的に説明したのは**メンデル**（Gregor Johann Mendel）である。メンデルはエンドウの交配実験から**遺伝の法則**（**優性**，**分離**，**独立**）を見出した。

遺伝のしくみ

遺伝子の実体である DNA が親から子へと受け継がれることで形質は遺伝する。

DNA は**染色体**として核内に収まっており，ヒトの体細胞は 23 種類の染色体を 2 セット（計 46 本）もっている。体細胞には，形や大きさが等しい染色体が 2 本ずつあり，この対になる染色体を**相同染色体**という。染色体 2 セットのうち，1 セットは父親から，もう 1 セットは母親から受け継いでいる。染色体 1 セットに含まれるすべての遺伝情報を**ゲノム**という。

受精によって再び 46 本（23 種類 2 セット）となり，両親の DNA（遺伝子）が子に受け継がれる。

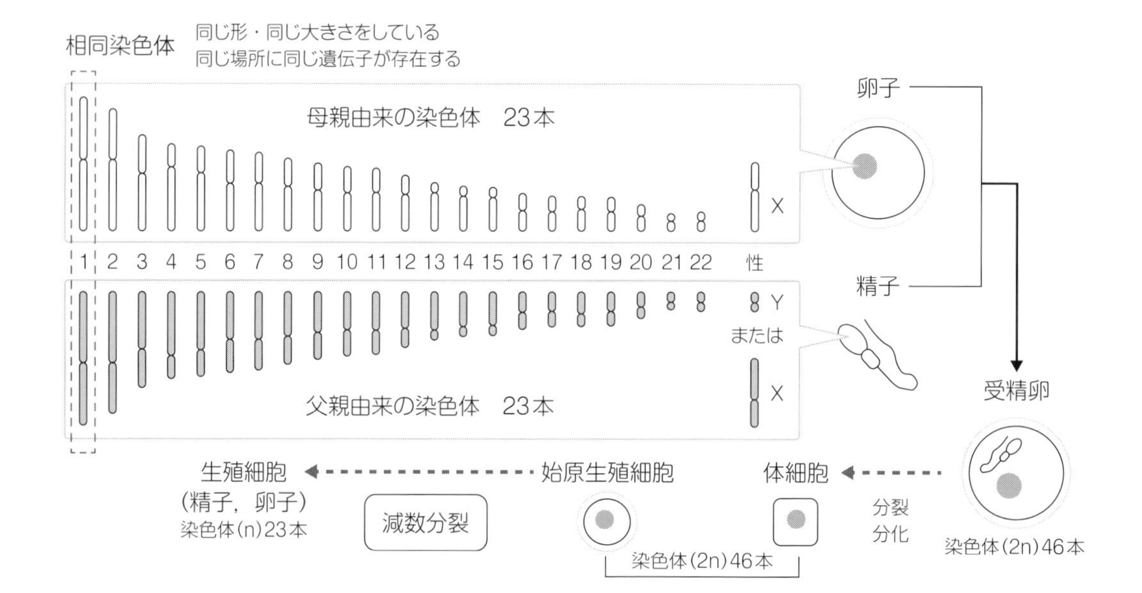

練習問題

1 次の空欄を埋めなさい

- 生物の色や形態，性質などの特徴のことを（① ）という。
- 形質が次世代に受け継がれる現象を（② ）という。
- （③ ）はエンドウの交配実験により遺伝を初めて科学的に説明した。
- エンドウの交配実験により，（④ ）の法則，（⑤ ）の法則，（⑥ ）の法則が見出された。
- （⑦ ）は形質を決める因子である。
- 遺伝子の化学的実体は（⑧ ）である。
- DNA は細胞の核の中で（⑨ ）として存在している。
- ヒトの体細胞は染色体を 2 本 1 対で（⑩ ）対，計（⑪ ）本もっている。
- 2 本 1 対で存在する染色体を（⑫ ）という。
- ヒトの精子や卵子がもつ染色体の数は（⑬ ）本である。
- 体細胞に比べ精子や卵子がもつ染色体が半分しかないのは，（⑭ ）というしくみがかかわっている。
- 染色体 1 セット（23 種類）に含まれるすべての遺伝情報を（⑮ ）という。

STEP UP

メンデルの法則が当てはまらない例

ヒトの血液型はメンデルが発見した優性の法則があてはまらない。ヒトの血液型を決める 3 つの遺伝子（A，B，O）のうち遺伝子 A と遺伝子 B は遺伝子 O に対して顕性（優性）であるが，遺伝子 A と遺伝子 B の間に優劣関係はない。したがって，遺伝子 A と遺伝子 O をもつ人の血液型は A 型となるが，遺伝子 A と遺伝子 B をもつ人の血液型は AB 型となる。

答えはこちら ⬇

22 核の構造

核の構造的・機能的単位を理解する

ヒトなどの真核生物は，細胞内に DNA を膜で包み込んだ「核」をもっている。
❶ DNA を包み込む核膜は，核の形態を保持する働きがある
❷ DNA がヒストン（タンパク質）と結合して，小さくまとめられたものを染色質という
❸ 核内にみられる核小体はリボソーム RNA の合成が盛んな場所である

核の基本的な構造と機能

核をもつ細胞を**真核細胞**といい，もたない細胞を**原核細胞**という。
核は細胞小器官の 1 つで遺伝子の実体である DNA を核膜と呼ばれる膜で包み込んだ構造をしている。核では，DNA の複製や DNA から RNA への**転写**が行われる。

核膜の構造

細胞膜（生体膜）と同じ**リン脂質**から構成され，**外膜**と**内膜**の二層構造となっている。
核内外で物質をやりとりできるように小さな穴（**核膜孔**）が開いており，核膜の外膜は小胞体と連結している。

核内容物の構造

核の内部には，「**染色質（クロマチン）**」と「**核小体**」がある。
核内の DNA は**ヒストン**と呼ばれるタンパク質に巻き付いて**ヌクレオソーム**を形成している。染色質（クロマチン）はヌクレオソームが連なったひも状の構造体で，細胞分裂の際は凝集し棒状の染色体となる。
染色体➡性別の決定に関与する**性染色体**（1 対）とそれ以外の**常染色体**（22 対）がある。
性染色体➡X 染色体と Y 染色体があり，男性は **XY**，女性は **XX** をもっている。
核小体➡リボソーム RNA の合成が盛んに行われる場所である。

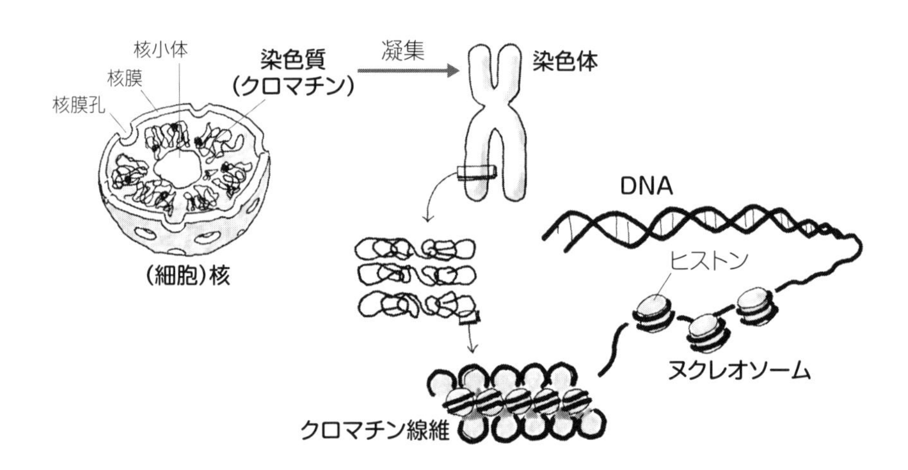

練習問題

1 次の空欄を埋めなさい

- 細胞には核をもつものともたないものがあり，核をもつ細胞を (①) 細胞という。
- 核は細胞小器官の1つで，遺伝子の実体である DNA を (②) で包み込んだ構造をしている。
- 核膜は (③) という細胞膜と同じ物質で構成されている。また，(④) と (⑤) の二層構造で，核内外で物質のやりとりができるようになっている (⑥) と呼ばれる穴が開いる。核膜は，細胞小器官の1つである (⑦) とつながっている。
- 核内部にある DNA は (⑧) と呼ばれるタンパク質と結合して (⑨) を形成している。
- ヌクレオソームが連なり，ひも状の構造となったものを (⑩) という。
- 細胞分裂時では，染色質は凝集し棒状の (⑪) となる。
- ヒトの体細胞は性別の決定に関与する遺伝子を含む (⑫) を1対と，それ以外の (⑬) を22対もっている。したがって，ヒトの体細胞には計 (⑭) 本，23対の染色体が存在している。
- 性別の決定に関与する性染色体の組み合わせが (⑮) と (⑯) の染色体だと生物学的な男性となる。また，(⑰) と (⑱) の染色体である場合は生物学的な女性になる。
- (⑲) は核内部でリボソーム RNA の (⑳) が盛んに行われる場所である。

STEP UP

細胞中の核の数は細胞の種類によって異なる

通常，1つの細胞には1つの核が存在しているが，細胞の種類によって核の数は異なる。例えば，白血球や破骨細胞（骨を壊す細胞）は1つの細胞に複数の核が存在している（これを多核細胞という）。一方で，成熟した赤血球のように細胞の中に核をもたないものもある（これを無核細胞という）。

答えはこちら ⬇

23 セントラルドグマ

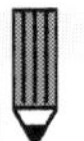

生命には欠かせない遺伝情報の流れを理解する

❶遺伝情報は DNA → RNA →タンパク質の方向に流れるという概念をセントラルドグマという
❷核内で，DNA の塩基配列が RNA にコピーされることを転写という
❸リボソームで，RNA の塩基配列に基づいてタンパク質が合成されることを翻訳という

セントラルドグマとは

生物の遺伝情報は DNA の塩基配列（塩基の並び順）によって決まる。
DNA の塩基配列は RNA にコピーされ，RNA からタンパク質に読み替えられる。
この流れはすべての生物に共通しかつ普遍的な基本原理であり，**セントラルドグマ**と呼ばれる。

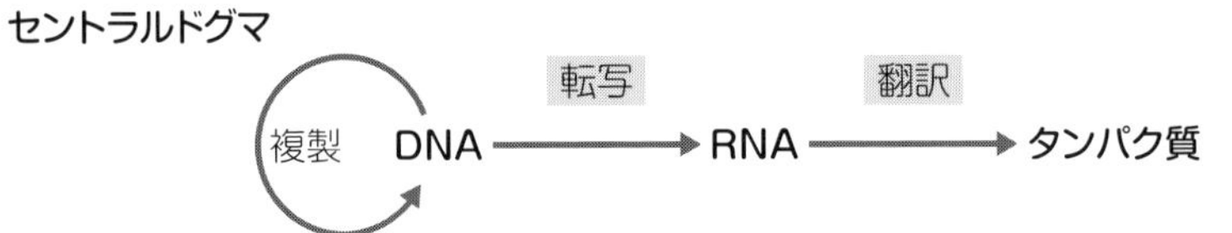

転写

転写は核内で行われ，つくられた mRNA は核膜孔から核外へと出ていく。
① DNA の塩基配列を RNA にコピーすることを**転写**という（26 参照）。
②転写によってできた RNA をメッセンジャー RNA（mRNA）という。

翻訳

mRNA からタンパク質が合成されるプロセスを**翻訳**という（28 参照）。
mRNA に写し取られた塩基配列はアミノ酸を指定する暗号（**コドン**）となっており，**連続した 3 つの塩基配列**で 1 つのアミノ酸を指定している。

例；アデニン（A）・ウラシル（U）・グアニン（G）➡ メチオニン
　　グアニン（G）・シトシン（C）・シトシン（C）➡ アラニン

mRNA のコドンを読み取り，指定されたアミノ酸をつなげていくことでタンパク質がつくられる。
翻訳は細胞小器官の 1 つである**リボソーム**で行われる。

練習問題

1 次の空欄を埋めなさい

- 生物の遺伝情報は DNA の（①　　　　　　　）によって決まる。
- 生物の遺伝情報は（②　　　　）→（③　　　　）→（④　　　　　　）の順に流れていく。この概念を（⑤　　　　　　　　）という。
- DNA の遺伝情報が RNA にコピーされることを（⑥　　　　）という。
- 転写は（⑦　　　　）で行われ，これによってつくられる RNA は（⑧　　　　）と呼ばれる。
- DNA からコピーされた RNA の塩基配列はアミノ酸を指定する暗号となっており，この暗号を（⑨　　　　）と呼ぶ。
- コドンでは，RNA もつ連続した（⑩　　）つの塩基配列で 1 つのアミノ酸が指定されている。
- DNA からコピーされた RNA は，核膜孔を通って細胞小器官の 1 つである（⑪　　　　　）へ移動する。
- リボソームで RNA の遺伝情報（塩基配列）が読み取られタンパク質が合成される。この過程を（⑫　　　　）という。

STEP UP

RNA から DNA への逆転写反応

遺伝情報の流れは DNA → RNA →タンパク質が基本であるが、実際には RNA から DNA を合成する逆の流れ（逆転写反応）も存在する。したがって、セントラルドグマとは遺伝情報がタンパク質へ伝わると、その情報は RNA に後戻りしないことを意味する。

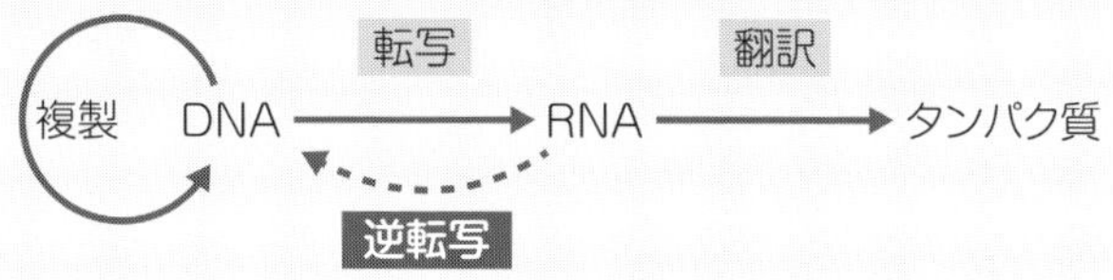

答えはこちら

24 DNAの構造と複製

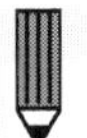

DNAの構成単位と複製の流れを理解する

❶DNAはヌクレオチド（リン酸＋糖＋塩基）という構成単位からなる。糖はデオキシリボース，塩基はアデニン（A），チミン（T），グアニン（G），シトシン（C）が使われている
❷DNAは2本のヌクレオチド鎖がねじれた二重らせん構造である
❸細胞分裂の際に複製されたDNAは，新たに生まれる細胞へ均等に分配される

DNAの構造

DNAの構成➡リン酸，糖，塩基で構成される**ヌクレオチド**を構成単位としている。

糖は**デオキシリボース**。塩基は**アデニン（A）**，**チミン（T）**，**グアニン（G）**，**シトシン（C）**である。

多数のヌクレオチドがリン酸を介して結合し“鎖”を形成している（ヌクレオチド鎖）。ヌクレオチド鎖の末端がリン酸側を5′末端，糖の側を3′末端という。

2本の鎖が互いの塩基同士で結合し，ねじれてらせん状となっている（**二重らせん構造**）。

塩基同士の結合はAとT，GとCの間でのみ起こる（**塩基の相補性**）。

DNAの複製のしくみ

細胞が分裂するとき，もとのDNAから同じ塩基配列をもつDNAが**複製**される。

DNAの一方のヌクレオチド鎖を**鋳型**（原本）としてもう片方が複製される（**半保存的複製**）。

複製されたDNAは，分裂して新たに生まれる細胞へ均等に分配される。

複製のプロセス

①酵素**ヘリカーゼ**によってDNAの二重らせんがほどけ，2本のヌクレオチド鎖となる。
②ヌクレオチド鎖を鋳型とし，新たなヌクレオチド鎖ができる。
③酵素**DNAポリメラーゼ**によりヌクレオチド鎖同士が結合する。

練習問題

1 次の空欄を埋めなさい

- DNA はリン酸，糖，塩基から構成される (①) が多数結合したものである。
- DNA を構成する糖は (②) である。
- DNA を構成する塩基は (③) (A)，(④) (G)，(⑤) (T)，(⑥) (C) の (⑦) 種類ある。
- DNA は (⑧) 構造をとる。
- 図は DNA の構造を模したものである。空欄ア～エに入る塩基として適当なものを答えよ。

ア：(⑨)，イ：(⑩)，ウ：(⑪)，エ：(⑫)

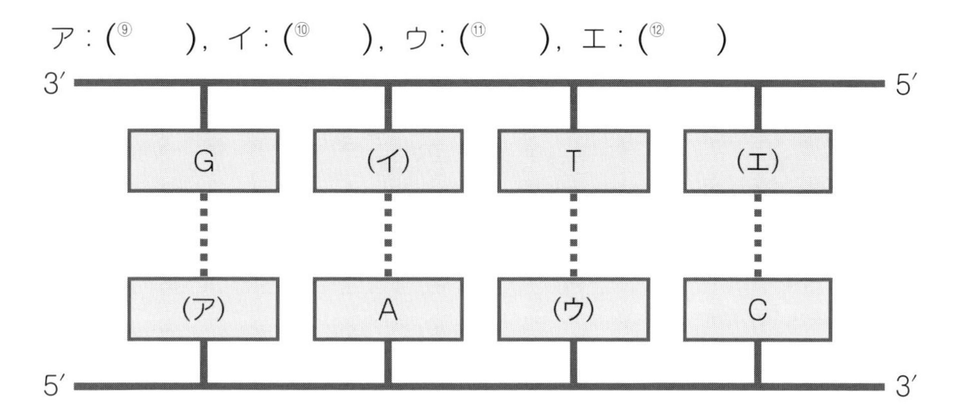

- もとの DNA から同じ塩基配列をもつ DNA がつくられることを DNA の (⑬) という。
- DNA の複製形式は (⑭) と呼ばれ，一方のヌクレオチド鎖を鋳型としてもう一方のヌクレオチド鎖が複製される。
- 複製プロセスには (⑮) という DNA の二重らせんをほどく酵素と，(⑯) というヌクレオチド鎖同士を結合する酵素が使われる。

答えはこちら⬇

25 細胞周期と細胞の分化

細胞周期の一連の流れと，細胞の分化について理解する

❶細胞周期とは細胞が成長し，DNA を複製し，分裂するまでの一連の流れをさす
❷細胞周期は，間期と M 期に分けられ，それぞれ特徴的な働きがある
❸細胞分化とは，細胞が特定の形質や機能に特化することである

細胞周期

生殖細胞以外の体細胞では，間期にて DNA を含めて細胞の中身を 2 倍にしてから，M 期にて核の分裂（有糸分裂）とそのあとの細胞質分裂が行われる。

間期➡「**G1 期→ S 期→ G2 期**」の順に起きる。

G は gap（隙間），S は synthesis（合成）の頭文字を取っている。G1 期→ **DNA 合成の準備**，S 期→ **DNA 合成**（複製），G2 期→**細胞分裂の準備**。ただし，神経細胞や心臓の筋細胞など，常に増殖する必要がない細胞は G1 期から G0 期に移行して細胞周期が休止状態に入る。

M 期➡前期→**中期**→**後期**→**終期**（有糸分裂），**細胞質分裂**の順に起きる。

M は mitosis（有糸分裂）の頭文字を取っている。前期から終期にかけて染色体の凝集，赤道面への整列，細胞の両極への分離と続き，有糸分裂が行われる。また，終期にて細胞にくびれが生じ，細胞質分裂にて細胞が 2 つに分かれる。

細胞周期と M 期に起きる細胞分裂

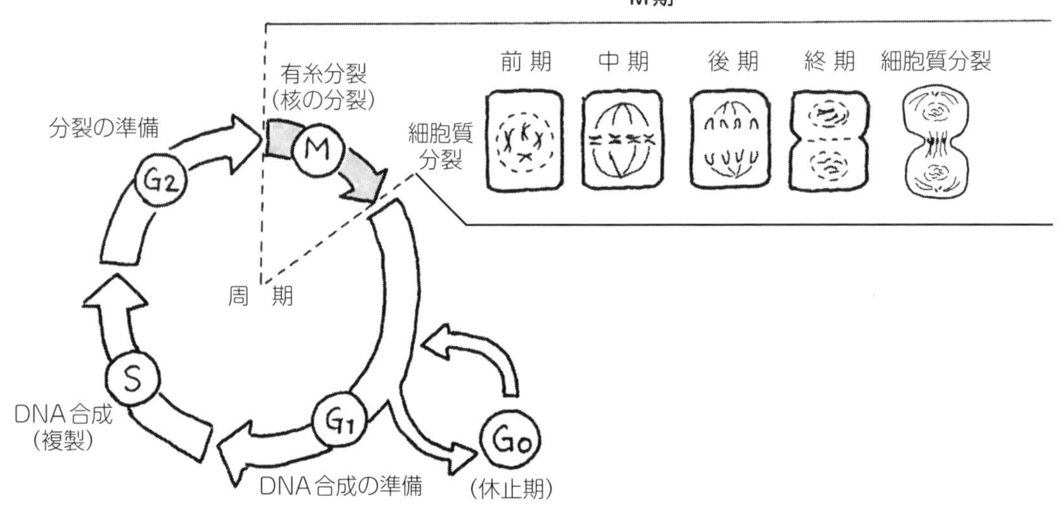

細胞分化

受精卵が体細胞分裂を繰り返し増殖する過程で，それぞれの細胞はつくり出す mRNA やタンパク質の種類を変化させる（**27** 参照）。これにより，皮膚や筋肉といった異なる機能をもつ細胞・組織へと分化する。

練習問題

1 次の空欄を埋めなさい

- 細胞周期は大きく分けると，細胞が成長し DNA が複製される（① ）期と，核の分裂と細胞質の分裂が起きる（② ）期に分類することができる。
- 間期の順番は細胞分裂後から（③ ）期→（④ ）期→（⑤ ）期に分けることができ，DNA の複製は（⑥ ）期に行われ，DNA は 2 倍に増える。神経細胞などの常に増殖の必要のない細胞は（⑦ ）期に移行して細胞周期は休止状態となる。
- M 期では（⑧ ）期→（⑨ ）期→（⑩ ）期→（⑪ ）期→（⑫ ）の順番で進む。有糸分裂ではDNAが含まれる（⑬ ）が凝集し，赤道面への整列，細胞の両極への移動と続き，（⑭ ）において細胞の分裂が完了する。
- 同一個体中の分化した体細胞は，同じ遺伝情報となる DNA をもっているが，分化細胞の種類ごとに合成される（⑮ ）および（⑯ ）の種類が異なる。

2 細胞周期における DNA の変化量を下のグラフに書き込みなさい

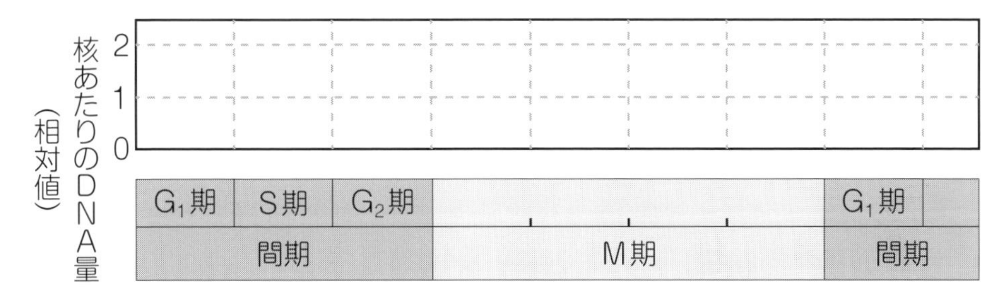

STEP UP

iPS 細胞について

分化した細胞では，つくり出される mRNA やタンパク質の種類や量が概ね固定化されている。そのため，一般的に皮膚細胞が神経細胞に変化するといった，分化細胞が他の分化細胞へ変化することは生じない。mRNA の発現パターンを再プログラミングすることでこれを可能とした iPS 細胞は，多様な形質をもつ細胞へ分化ができ，再生医療を含め様々な医学的応用に利用されている。

答えはこちら⬇

26 RNAの構造

RNAの構造と転写について，DNAの構造や複製と比較して理解する

❶RNAもDNAと同じく基本構造はヌクレオチドだが，異なる点がある
❷RNAは複数の種類が存在し，遺伝情報の伝達以外にも様々な働きをする
❸転写はRNAポリメラーゼによって，DNAの定まった領域をRNAへと写し取る

RNAの構造と働き

構造➡DNA同様に**ヌクレオチド**（リン酸＋糖＋塩基）を基本構造としている。ただし，糖にはリボース，塩基は，**アデニン（A），ウラシル（U），グアニン（G），シトシン（C）**が使われている。このヌクレオチドが重合したヌクレオチド鎖は，DNAと同様に5′末端と3′末端が存在する。二本鎖で存在するDNAと異なり主に**一本鎖**で存在する。

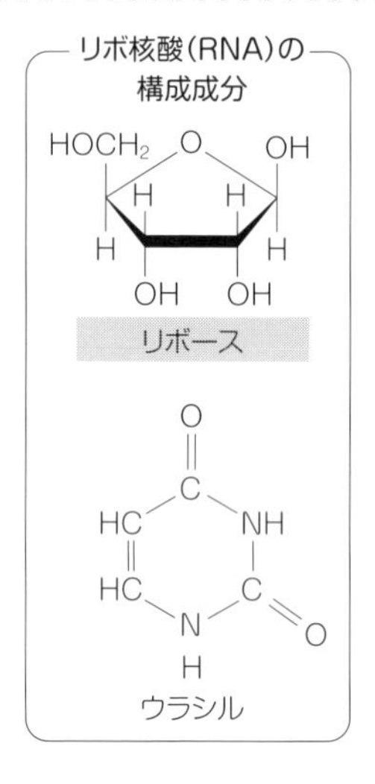

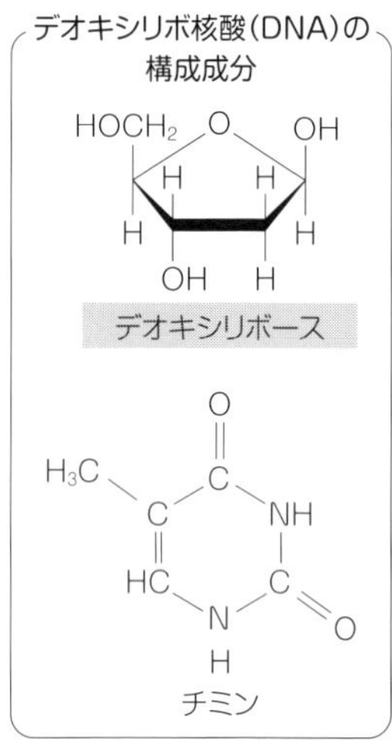

働き➡RNAは大きく分けて，タンパク質に翻訳されるmRNAと，翻訳されずに機能するRNA〔トランスファーRNA（**tRNA**）やリボソームRNA（**rRNA**）など〕に分類することができる。また，分子内で相補的な対合をすることで様々な立体構造を形成し多様な働きをする。

転写➡DNAの塩基配列をRNAに写し取ることを**転写**と呼ぶ。転写はRNAポリメラーゼと呼ばれる酵素によって行われる。二本鎖DNAの片方を鋳型として**3′→5′**の向きに移動しながら，RNAを**5′→3′**の向きに重合していく。また，DNAポリメラーゼによるDNA複製と異なり，プライマーを必要とせずに転写を行う。

RNAへと転写されるDNA配列

転写は複製と異なり，二本鎖DNAのうち鋳型鎖と呼ばれる片方のヌクレオチド鎖をもとにRNAへと転写される。鋳型鎖と対合しているもう片方のヌクレオチド鎖のことを**コード鎖**と呼ぶ。また，DNAの複製は全配列のコピーとなるが，転写はDNAの一部の配列のみが必要に応じて何回もRNAに写し取られる。

RNAポリメラーゼ
転写の方向
DNA
コード鎖
鋳型鎖
5′ 3′ 3′ 5′ 3′
5′
RNA

練習問題

1 次の空欄を埋めなさい

- RNAはDNAと同様に(①　　　　　　)を基本構造としている。また，DNAは二本鎖で存在しているが，RNAは主に(②　　　　)で存在する。
- RNAに使われる塩基は(③　　　　　)，(④　　　　　)，(⑤　　　　　)，(⑥　　　　　)の4種類である。この4種類の中で，DNAと共通しない塩基は(⑦　　　　　)の1種類のみである。
- RNAに用いられる糖は(⑧　　　　　　)で，DNAに用いられるのは(⑨　　　　　　)である。
- mRNA，tRNA，rRNAは，タンパク質に翻訳される(⑩　　　)と翻訳されずに機能する(⑪　　　)・(⑫　　　)に分類できる。また，RNAは分子内で塩基が(⑬　　　)することで様々な立体構造を形成する。
- DNAの情報をRNAへ写し取ることを(⑭　　　　)といい，これは酵素(⑮　　　　　　)によって行われる。この酵素は鋳型鎖のDNAを(⑯　　　)→(⑰　　　)の向きに進むことで配列を読み取り，RNAは(⑱　　　)→(⑲　　　)の向きに重合されていく。

2 次の説明は，RNAとDNAの<u>共通</u>もしくは，RNAへの<u>転写</u>，DNAの<u>複製</u>，いずれか答えなさい

①合成されるヌクレオチド鎖は5′→3′の向きに重合される。(　　　　)

②ポリメラーゼによるヌクレオチド鎖の重合にプライマーを必要とする。(　　　　)

③ヌクレオチド鎖の特定の領域のみを読み取り新しいヌクレオチド鎖を重合する。(　　　　)

STEP UP

スプライシングと選択的スプライシングについて

スプライシングは，転写後のmRNAに対して不要な配列（イントロン）を切り取り，残った部分（エクソン）を連結する。選択的スプライシングは，最終的に残すエクソンの配列を変化させることで1種類のmRNAから複数の異なるmRNAを最終的に生成することができる。これにより，同じ遺伝子から複数の異なるタンパク質が生成することが可能となり，タンパク質の多様性が増える。

答えはこちら↓

27 遺伝子発現調節のしくみ

遺伝子発現がどのように調節されるのかを理解する

❶ DNA から RNA やタンパク質へと遺伝子の情報が変換されることを遺伝子発現と呼ぶ
❷ 転写因子は DNA に直接結合して遺伝子発現を調節する
❸ 真核生物では，ヒストンタンパク質の化学修飾によっても遺伝子発現が調節される

遺伝子発現とは

遺伝子（DNA）の情報をもとに，RNA が転写されたり，タンパク質へ翻訳されたりといった，機能をもつ分子をつくり出す過程を**遺伝子発現**という。これにより細胞は様々な活動が可能となる。

転写制御による遺伝子発現調節

細胞は周囲の環境変化や細胞分化などによって特定のタンパク質が必要となったり不要となったりするため，遺伝子発現の調節が行われる。DNA から mRNA への転写は遺伝子発現の初期段階となるため，遺伝子発現の調節において**転写制御**は重要である。

転写因子による転写制御

遺伝子の転写は RNA ポリメラーゼが**プロモーター**と呼ばれる DNA 配列に結合することで開始される。**転写因子**と呼ばれるタンパク質は，DNA の特異的な配列に結合することで，RNA ポリメラーゼとプロモーターとの結合を**促進**または**抑制**し，転写を制御する。

ヒストン修飾による転写制御

真核生物では，DNA はヒストン（タンパク質）と結合して基本構造となるヌクレオソームを形成する。ヒストンが**メチル化**や**アセチル化**といった化学修飾を受けると，ヌクレオソーム同士の凝集度合いが変化する。凝集度合いが高い部位に存在する DNA に対しては，RNA ポリメラーゼがプロモーターに結合しにくくなるため，遺伝子発現が**抑制**される。

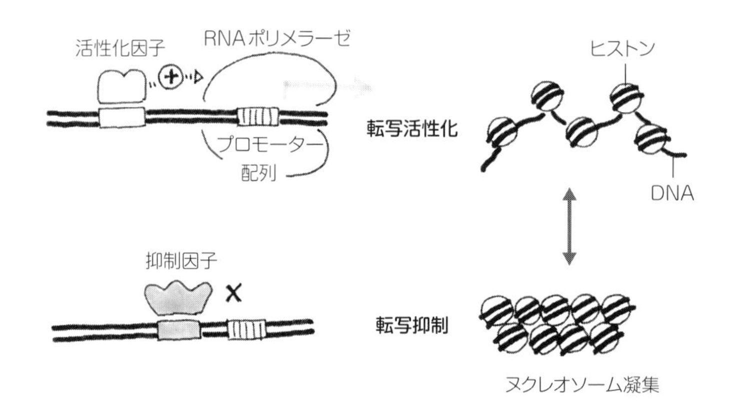

練習問題

1 次の空欄を埋めなさい

- 遺伝子の情報が RNA へと（①　　　　）され，mRNA がタンパク質へと（②　　　　）される過程のことである。この一連の全体の流れを，分子生物学における（③　　　　　　）と呼ぶ。
- 転写を行う酵素である（④　　　　　　）は DNA 上の（⑤　　　　　　）と呼ばれる特異的な配列に結合し，転写を開始する。
- 転写因子は特異的な（⑥　　　　　）配列を認識し，結合することで（⑦　　　　　　）による転写開始を促進したり抑制したりすることで転写制御を行う。
- 真核生物における DNA は（⑧　　　　　）と結合して（⑨　　　　　　）と呼ばれる基本構造を形成する。この基本構造がさらに集まった高次構造体をクロマチンと呼ぶ。
- クロマチン構造は（⑩　　　　　）のアセチル化やメチル化と呼ばれる（⑪　　　　　）を受けることで凝集度合いが変化する。凝集度合いが（⑫　　　　）と，そこに存在する遺伝子に RNA プロモーターがアクセスしにくくなり，転写が（⑬　　　　）される。一方，凝集度合いが（⑭　　　　）と RNA プロモーターが遺伝子にアクセスしやすくなり，転写が可能となる。

STEP UP

遺伝子発現調節と細胞分化

真核生物では実に様々な方法で遺伝子発現調節を行っている。前述の他にも哺乳類や高等植物では，DNA を構成する塩基のシトシンにメチル基を付加させること（メチル化修飾）で DNA の立体構造を変化させ，転写を抑制状態にする。分化した細胞は，DNA のメチル化やヒストンの化学修飾によるヌクレオソームの凝集度合いの制御を利用することで，必要としないタンパク質の遺伝子発現を恒常的に抑制している。

シトシンのメチル化

答えはこちら ⬇

28 翻訳と翻訳後修飾

mRNA の情報がアミノ酸へと翻訳されるしくみを理解する

❶ mRNA の塩基配列はコドンごとに翻訳される
❷ リボソームで mRNA の情報は tRNA によりアミノ酸に変換され，タンパク質が合成される
❸ タンパク質は翻訳された後に様々な修飾を受けることで機能が制御される

翻訳

コドン➡mRNA の塩基配列には，タンパク質へと翻訳される翻訳領域と非翻訳領域がある。翻訳領域では 5′ → 3′ の向きに重複なく **3 塩基ごと**にアミノ酸へと翻訳される。この 3 塩基の配列を**コドン**と呼び，64 種類存在する。

tRNA の役割➡tRNA は，コドンを認識してアミノ酸へと変換する。アミノ酸と結合した tRNA は自身の**アンチコドン配列**を用いて，対応するコドンと**相補的**に対合する。**終止コドン**に対応する tRNA は存在せず，終止コドンを認識する専用のタンパク質が対応することで翻訳の終わりを制御する。

コドンの1番目の塩基	コドンの2番目の塩基 U		C		A		G		コドンの3番目の塩基
U	UUU	フェニルアラニン (Phe)	UCU	セリン (Ser)	UAU	チロシン (Tyr)	UGU	システイン (Cys)	U
U	UUC	フェニルアラニン (Phe)	UCC	セリン (Ser)	UAC	チロシン (Tyr)	UGC	システイン (Cys)	C
U	UUA	ロイシン (Leu)	UCA	セリン (Ser)	UAA	**終止コドン**	UGA	**終止コドン**	A
U	UUG	ロイシン (Leu)	UCG	セリン (Ser)	UAG	**終止コドン**	UGG	トリプトファン(Trp)	G
C	CUU	ロイシン (Leu)	CCU	プロリン (Pro)	CAU	ヒスチジン (His)	CGU	アルギニン (Arg)	U
C	CUC	ロイシン (Leu)	CCC	プロリン (Pro)	CAC	ヒスチジン (His)	CGC	アルギニン (Arg)	C
C	CUA	ロイシン (Leu)	CCA	プロリン (Pro)	CAA	グルタミン (Gln)	CGA	アルギニン (Arg)	A
C	CUG	ロイシン (Leu)	CCG	プロリン (Pro)	CAG	グルタミン (Gln)	CGG	アルギニン (Arg)	G
A	AUU	イソロイシン (Ile)	ACU	トレオニン (Thr)	AAU	アスパラギン (Asn)	AGU	セリン (Ser)	U
A	AUC	イソロイシン (Ile)	ACC	トレオニン (Thr)	AAC	アスパラギン (Asn)	AGC	セリン (Ser)	C
A	AUA	イソロイシン (Ile)	ACA	トレオニン (Thr)	AAA	リシン (リジン) (Lys)	AGA	アルギニン (Arg)	A
A	AUG	**開始コドン** メチオニン (Met)	ACG	トレオニン (Thr)	AAG	リシン (リジン) (Lys)	AGG	アルギニン (Arg)	G
G	GUU	バリン (Val)	GCU	アラニン (Ala)	GAU	アスパラギン酸 (Asp)	GGU	グリシン (Gly)	U
G	GUC	バリン (Val)	GCC	アラニン (Ala)	GAC	アスパラギン酸 (Asp)	GGC	グリシン (Gly)	C
G	GUA	バリン (Val)	GCA	アラニン (Ala)	GAA	グルタミン酸 (Glu)	GGA	グリシン (Gly)	A
G	GUG	バリン (Val)	GCG	アラニン (Ala)	GAG	グルタミン酸 (Glu)	GGG	グリシン (Gly)	G

リボソームの役割➡rRNA とタンパク質から構成されるリボソームは，翻訳装置の中心的役割として働く。リボソームは mRNA 上を **5′ → 3′** の向きに移動しながら，アミノ酸が結合した tRNA を対応するコドンの位置に配置させる。さらに運搬されたアミノ酸同士の**ペプチド結合**を触媒しタンパク質を合成する。

タンパク質の翻訳後修飾について

タンパク質は翻訳後に**アセチル CoA**，**リン酸**，**脂質**，**糖**などにより修飾されることで安定化，活性化，細胞内局在が制御される。

練習問題

1 次の空欄を埋めなさい

- 分子生物学のセントラルドグマにおける翻訳とは，mRNAの（① ）配列を（② ）配列に変換して（③ ）を合成する過程のことさす。
  mRNAの翻訳領域では，重複しない（④ ）塩基ごとの配列をコドンと呼ぶ。コドンは全部で（⑤ ）種類が存在し，その中には翻訳の始まりを指定する（⑥ ）コドン，（⑦ ）を指定するコドン，翻訳の終わりを指定する（⑧ ）コドンがある。
- リボソームは複数のタンパク質と，RNAの一種である（⑨ ）から構成され，タンパク質合成の中心的な装置として働く。リボソームは（⑩ ）によって運搬されたアミノ酸を重合させるために（⑪ ）結合を触媒する働きをもつ。

2 図中の空欄に，アミノ酸名もしくはRNAの配列を書きなさい

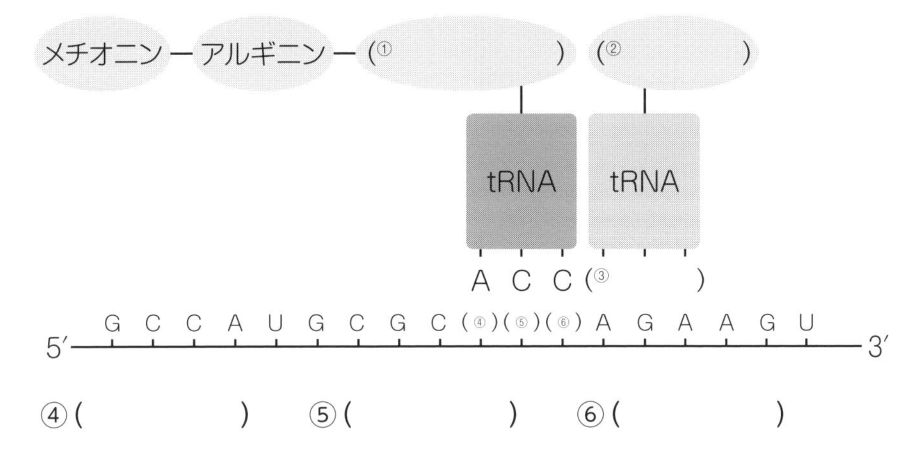

④（ ） ⑤（ ） ⑥（ ）

STEP UP

タンパク質への翻訳を阻害する抗生物質

細菌が引き起こす感染症の治療薬として抗生物質が存在する。これらの薬は体内で細菌が増殖するのを防いでくれる。この抗生物質が働く作用機序は様々であるが，タンパク質への翻訳を阻害する抗生物質が多く存在している。その１つにストレプトマイシンがある。この抗生物質は結核菌が起こす結核の治療薬の１つとして使用され，結核菌を含む真正細菌のリボソームに作用することでタンパク質合成を阻害し，真正細菌を選択的に殺すことができる。

答えはこちら⬇

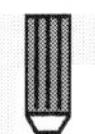

29 恒常性維持のメカニズム（外部環境，内部環境）

体内の環境が一定に保たれているしくみを理解する

❶ 体内の細胞は液体に浸された環境に存在している
❷ 体内の環境を一定に保とうとするしくみを恒常性という
❸ 恒常性の維持には様々なしくみが関係している

恒常性維持のメカニズム

外部環境と内部環境➡生物の体内の様々なしくみは，体の外の環境（**外部環境**）変化を受けても，直接その影響を受けることはない。体の表面などの一部の細胞を除くと，体の細胞は外部環境に直接さらされているわけではなく，液体（体液）に囲まれている（30 参照）。この体液に囲まれた環境を**内部環境**と呼ぶ。

恒常性➡外部環境は季節や時間，場所など様々に変化する。体液は全身を循環しているため，体液の状態も常に変化している。この変化を感知して調節を行い，内部環境を一定の状態に保つしくみを**恒常性（ホメオスタシス）**という。ヒトでは，体液中の**酸素濃度**，**イオン濃度**，**pH**などは常に一定の範囲内に保たれており，生命活動が維持されている。また，暑い時や寒いとき，激しい運動中でも，体温がほぼ一定（36 ～ 37℃）に保たれている。

内部環境を維持するしくみ➡内部環境を構成している体液は，循環系によって全身をまわっている。酸素の取り込みや二酸化炭素の排出は呼吸系が担っている。また，細胞から出た老廃物は排出系で体外へと運ばれる。体内に侵入した病原体などを排除するしくみとして**免疫系**（32 参照）が働いている。内部環境の変化は**自律神経系**，**内分泌系**などにより感知，調節される（33 参照）。

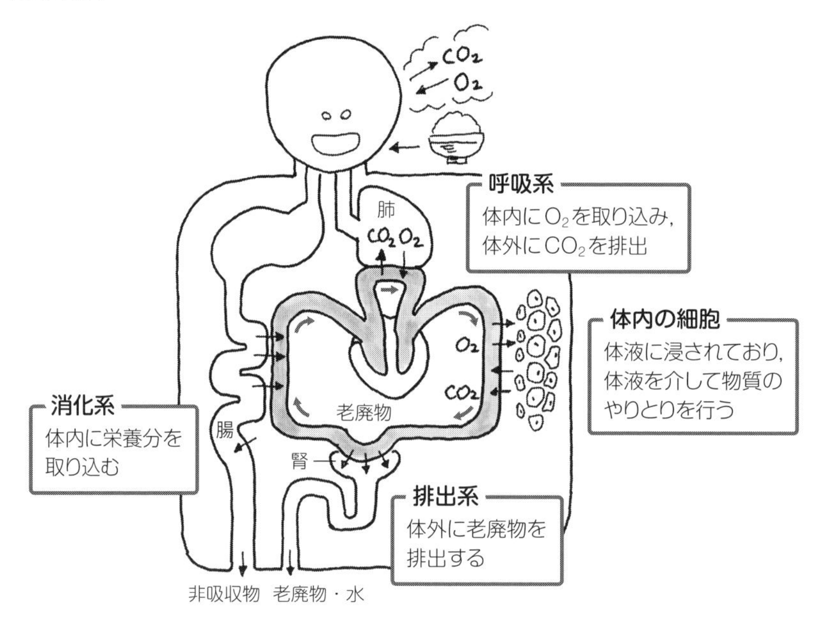

練習問題

1 次の空欄を埋めなさい

- 体内のほとんどの細胞が(①)に囲まれている環境を(②)という。
- 外部環境や，体液の状態変化を感知して，内部環境を一定に保つしくみが(③)である。
- 内部環境の維持において，体液は(④)系で全身に送られ，酸素の取り込みと二酸化炭素の排出は(⑤)系で行われる。老廃物は(⑥)系で体外に排出される。また，病原体などの異物を排除する(⑦)系も働いている。
- 内部環境の変化は(⑧)系で感知され，(⑨)系により調節される。

STEP UP

肺と消化管について

肺は酸素を取り込み，二酸化炭素を排出するため，大気に触れている。また，食物を消化し，栄養素を吸収する消化器は，口から食物を取り入れ，不要なものを体外へと排出する1つの管と考えられるため，体外とされている。

答えはこちら➡

30 内部環境をつくる体液

内部環境をつくる体液について理解する

❶体内の細胞が直接触れている液体を体液という
❷体液には血液，組織液，リンパ液がある
❸血液中には，血しょう，赤血球，白血球，血小板が存在する

体液の分類

体液は体内に満たされた液体であり，**血液**，**組織液**，**リンパ液**に分けられる。

血液➡血管を流れる液体で，栄養素や O_2 を全身に運ぶとともに CO_2 や老廃物も運んでいる。

組織液➡血液の一成分である血しょうの一部が毛細血管外に染み出たもの。細胞と細胞の間を満たしており，血液によって運ばれた栄養素や O_2 を直接細胞に運ぶだけではなく，細胞から CO_2 や老廃物を受け取る働きもしている。

リンパ液➡組織液の一部がリンパ管に入ったもので，細胞から出た老廃物を運ぶ働きももつ。また，白血球の一部であるリンパ球も含まれており，免疫のしくみでも重要な働きをしている。

血液成分の分類

血液は液体成分である**血しょう**と，有形成分である血球（**赤血球**，**白血球**，**血小板**）からできている。血球は骨髄にある造血幹細胞と呼ばれる未成熟な細胞が**増殖**，**分化**することでつくられる。

血しょう➡血液の約 55%を占めている。血しょうの約 90%は水分で，残りの 10%中にタンパク質や，無機塩類，そのほか有機物が含まれている。

赤血球➡ヘモグロビン（赤色をしたタンパク質）を含んでいる。肺から各組織に**酸素**を運んでいる。酸素を含んだ鮮紅色の血液は**動脈血**と呼ばれる。

白血球➡体内に侵入した病原体などを**排除する**働き（免疫，32 参照）に関係する。好中球，好酸球，リンパ球，単球など多くの種類の細胞で構成されている。

血小板➡**血液凝固**に関係し，失血を防ぐ働きをしている。

体液の成分

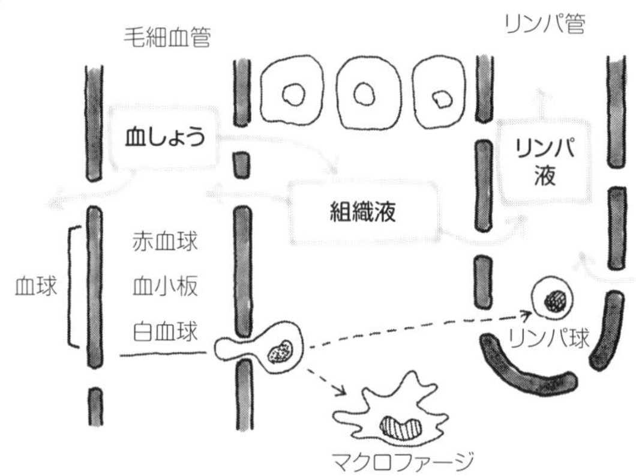

練習問題

1 次の空欄を埋めなさい

- 体液は（①　　　），（②　　　），（③　　　）に分けられる。
- 組織液は，血液の成分である（④　　　）が毛細血管外に染み出たものである。
- リンパ液は（⑤　　　）の一部がリンパ管に入ったもので，細胞から出た（⑥　　　）を運ぶ働きをしている。
  リンパ液には白血球の１つである（⑦　　　）も存在し，免疫にもかかわっている。
- 血液は液体成分である（⑧　　　）と，有形成分である（⑨　　　），（⑩　　　），（⑪　　　）から構成されている。
- 赤血球は各組織に（⑫　　　）を運んでいる。
- 白血球は（⑬　　　）に関係する多くの細胞で構成されている。
- 血小板は（⑭　　　）に関係している。

STEP UP

血液の成分と働き

成　分	名　称	大きさ（μm）	個数（/mm³）	働　き
液　体	血しょう	―	―	栄養素や老廃物の運搬
有　形	赤血球	直径７～８	420万～570万（男性） 380万～550万（女性）	酸素の運搬
	白血球	直径６～15	4,000～9,000	免疫に関係
	血小板	直径２～４	15万～40万	血液凝固に関係

答えはこちら

31 循環系とそのつくり

体液が循環するしくみを理解する

❶体液を循環させるしくみを循環系と呼ぶ
❷ヒトの循環系は，血管系とリンパ系からなる
❸血液の循環には，肺循環と体循環がある

体液の循環

細胞は正常な生命活動を行うため，様々な物質交換が必要である。それを効率的に行うしくみが，心臓を中心とした**循環系**である。循環系は，血液が流れる**血管系**とリンパ液が流れる**リンパ系**から構成されている。

血液の循環

血液の循環は，肺循環と体循環に分かれている。

肺循環➡心臓から**肺**を通り**心臓**へと戻る循環。血液は肺で O_2 を取り込み，CO_2 を排出している。心臓から肺に向かう血管は肺動脈，肺から心臓に向かう血管は肺静脈と呼ばれる。

体循環➡肺から**心臓**に戻った血液が全身に送られ，再び**心臓**に戻る循環。O_2 を含んだ動脈血は毛細血管を通って，各組織に O_2 が運ばれる。O_2 を放出した動脈血は CO_2 を受け取り，静脈血となって心臓に戻る。動脈は血管壁が厚く，弾力のある構造をしている。一方，静脈の血管壁は薄く，血液の逆流を防ぐ弁がある。毛細血管は細胞一層からできており，この細胞のすき間を通って，O_2 や様々な物質が出入りする。

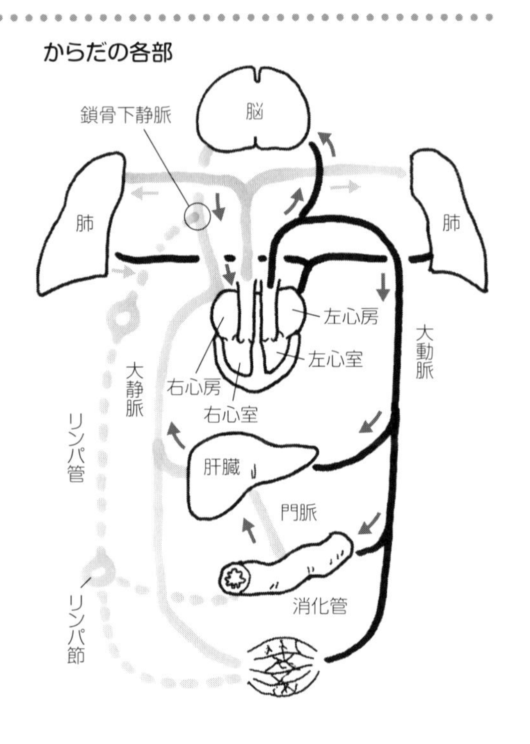

リンパ液の循環

リンパ液は**リンパ管**を通って循環するが，最終的には**鎖骨下静脈**で**血流**と合流する。リンパ液はリンパ管の収縮運動や，筋肉の動きなどにより，**一定方向**にゆっくりと流れている。
リンパ管にも静脈と同様に弁があり，逆流を防いでいる。また，リンパ管の途中にはリンパ節と呼ばれる膨らみあり，多くのリンパ球が存在していて**免疫**にかかわっている。

練習問題

1 次の空欄を埋めなさい

- 循環系は（①　　　　）と，（②　　　　）で構成されている。
- 血液の循環は，（③　　　　）循環と（④　　　　）循環に分かれている。
- 肺循環は（⑤　　　　）から（⑥　　　　）を通り，（⑦　　　　）へと戻る循環である。
- 体循環は（⑧　　　　）から全身に送られた血液が再び（⑨　　　　）に戻る循環である。
- 動脈は血管壁が（⑩　　　　），弾力のある構造をしている。
- 静脈は血管壁が薄く，（⑪　　　　）を防ぐ（⑫　　　　）がある。
- リンパ液は（⑬　　　　）を通って循環するが，最終的には鎖骨下静脈で（⑭　　　　）と合流する。

STEP UP

動脈と静脈について

動脈は心臓から出ていく血管で，静脈は心臓に戻る血管である。
体循環においては，動脈には動脈血，静脈には静脈血が流れているが，肺循環においては，肺動脈には静脈血，肺静脈には動脈血が流れている。

答えはこちら⬇

32 生体防御（免疫）

免疫のシステムによって体が守られているしくみを理解する

❶ 体に影響を与える病原体などから身を守るしくみを免疫という
❷ 免疫には白血球やリンパ球などの多くの細胞が関係している
❸ 免疫システムは自然免疫と細胞性免疫から構成されている
❹ 免疫反応を利用して病気の予防や治療が行われている

 免疫に関係する細胞・器官

免疫に関する細胞として，白血球やリンパ球が重要な役割を担っており，すべて骨髄内に存在する**造血幹細胞**から分化する。

白血球➡好中球，マクロファージ，樹状細胞など（これらは「食細胞」とも呼ばれている）

リンパ球➡**B 細胞**，**T 細胞**，**ナチュラルキラー（NK）細胞**など。

免役に関する器官には，**骨髄**（Bone marrow），**胸腺**（Thymus），**リンパ節**などがある。B 細胞は骨髄で分化し，T 細胞は**胸腺**で成熟化する。この両器官は**一次リンパ器官**と呼ばれている。

 免疫のしくみ

ヒトでは 3 つのしくみが段階的に働くことで，病原体などから体が守られている。

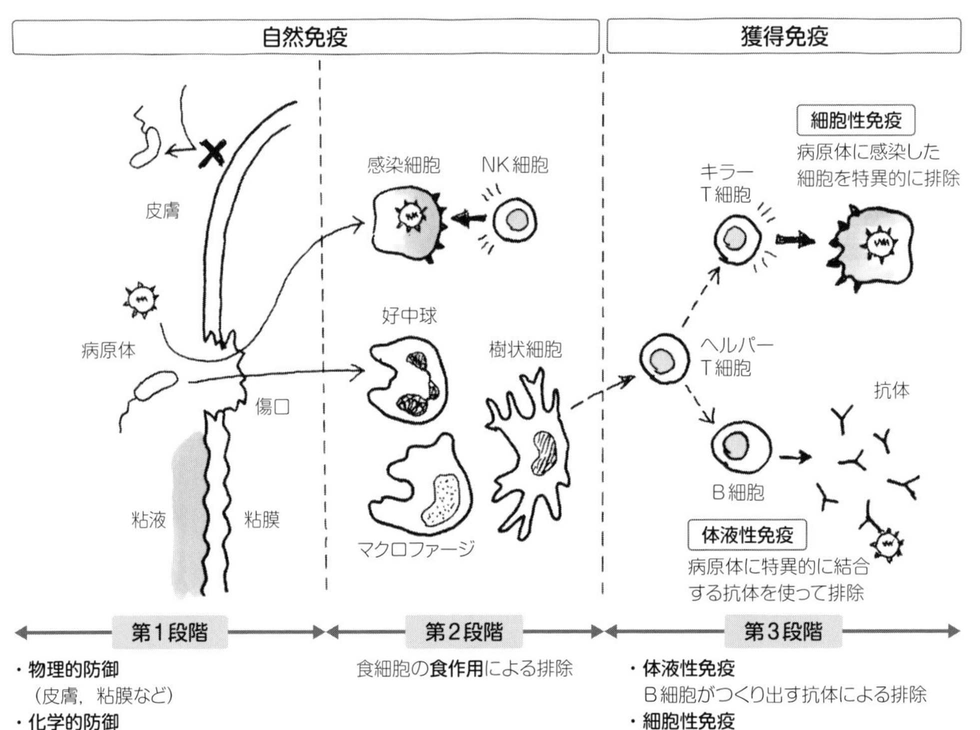

第1段階
・**物理的防御**
（皮膚，粘膜など）
・**化学的防御**
（唾液や涙などに含まれる酵素や抗菌物質）

第2段階
食細胞の**食作用**による排除

第3段階
・**体液性免疫**
B 細胞がつくり出す抗体による排除
・**細胞性免疫**
キラー T 細胞による感染細胞の排除

練習問題

1 次の空欄を埋めなさい

- 免疫には（①　　　　）や（②　　　　）がかかわっており，すべて骨髄内に存在する（③　　　　）から分化する。
- 白血球には（④　　　　）や（⑤　　　　），（⑥　　　　）などがあり，リンパ球には（⑦　　　　），（⑧　　　　）や（⑨　　　　）細胞などがある。
- 免疫のしくみは3段階からなっており，第1，第2段階は（⑩　　　　）免疫，第3段階は（⑪　　　　）免疫と呼ばれている。
- 第1段階は（⑫　　　　），（⑬　　　　）により侵入を防いでいる。
- 第2段階は食細胞による（⑭　　　　）により，排除される。
- 獲得免疫は，抗体を使って排除する（⑮　　　　）と，病原体に感染した細胞を排除する（⑯　　　　）という2つのしくみから構成されている。

STEP UP

新型コロナウイルスのワクチン

今まで予防接種に利用されていたのは，弱毒化や無毒化された病原体や毒素が主であったが，新型コロナウイルスのワクチンは，mRNA が用いられている。すなわち，新型コロナウイルスの mRNA の一部をワクチンとして使用し，体内でウイルスの一部のタンパク質をつくらせ，それを基に獲得免疫のしくみを引き起こさせるまったく新しい考え方のワクチンとなっている。

答えはこちら ⬇

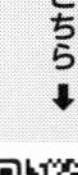

33 ホルモンと内分泌

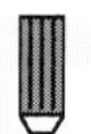

様々な器官に指令を出すホルモンを理解しよう

❶特定の細胞がつくった物質を体液中に放出することを内分泌という
❷ホルモンは内分泌腺でつくられ，血流に乗って運ばれる
❸ホルモンは特定の標的器官，標的細胞に働く

ホルモンと内分泌

ホルモンは，**内分泌細胞**と呼ばれる特定の細胞でつくられる物質である。体液の循環によって全身に運ばれる。また，内分泌細胞が集まった集団は**内分泌腺**と呼ばれている。

ホルモンが作用する特定の器官は**標的器官**といい，応答する標的細胞が存在する。ホルモンには多くの種類があり，合成される内分泌細胞や標的とする器官や働きが異なっている。ホルモンは微量で作用するため，その分泌量は主に間脳の**視床下部**とそれにつながる**脳下垂体**によって調節されている（34 参照）。

主なホルモンとその働き

内分泌腺		ホルモン	標的器官	働き
下垂体	前葉	成長ホルモン	筋肉など	体の成長を促進する，血糖値の上昇
		甲状腺刺激ホルモン	甲状腺	チロキシンの分泌を促進する
		副腎皮質刺激ホルモン	副腎皮質	糖質コルチコイドの分泌を促進する
	後葉	バソプレッシン	腎臓	腎臓での水の再吸収を促進する， 血圧の上昇
甲状腺		チロキシン	全身の細胞	全身の代謝を活発にする，血糖値の上昇
副甲状腺		パラトルモン	骨，腎臓など	血液中のカルシウムイオン濃度の上昇
副腎	髄質	アドレナリン	肝臓，筋肉など	心拍数の上昇，血糖値の上昇，血圧の上昇
	皮質	糖質コルチコイド	筋肉など	血糖値の上昇，タンパク質からの糖の合成
		鉱質コルチコイド	腎臓など	腎臓でナトリウムイオンの再吸収， カリウムイオンの排出を促進する
すい臓 (ランゲルハンス島)	A 細胞	グルカゴン	肝臓	血糖値の上昇
	B 細胞	インスリン	肝臓，筋肉など	血糖値の低下

POINT

内分泌➡ある細胞が，生成物を体液中に直接放出すること。
外分泌➡涙，だ液，汗，消化液など，生成物を排出管から体の外に放出すること。

練習問題

1 次の空欄を埋めなさい

- 特定の細胞が，生成物を体液中に直接分泌するしくみを（① ）という。
- ホルモンは（② ）でつくられ，（③ ）によって，全身を循環する。
- 各ホルモンが働く器官を（④ ）という。その中に存在する細胞にはホルモンを感知する（⑤ ）が存在する。
- ホルモンの分泌は，（⑥ ）や（⑦ ）によって調節されている。

STEP UP

ホルモンの働きと作用のしくみ

ホルモンが働く標的細胞には，特定のホルモンを感知する受容体が存在する。ホルモンは受容体に結合することで標的細胞だけに作用し，その細胞の働きに影響を及ぼす。

ホルモンには，インスリンやグルカゴンなど水に溶けやすいホルモン（水溶性ホルモン）と，糖質コルチコイドや鉱質コルチコイドなど水に溶けずに脂に溶けやすいホルモンがある（脂溶性ホルモン）。水溶性ホルモンは細胞膜を通過でききたいため，細胞膜上に存在する受容体に結合して作用を発揮する。一方，脂溶性ホルモンは，細胞膜を通過して，細胞の中に存在する受容体と結合して，機能を発揮する。

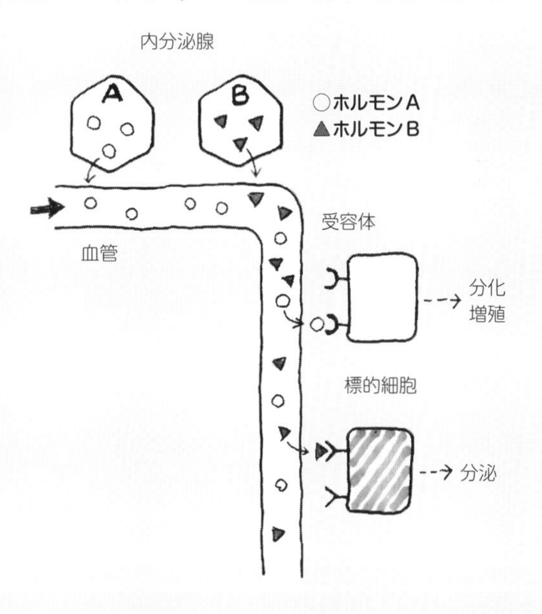

答えはこちら

34 自律神経系とホルモンの働き

ヒトを含む動物が，どのように体の状態を一定に保っているのかを理解する

❶生物は，体の状態を一定に保つ性質（恒常性；ホメオスタシス）を有している
❷恒常性を維持するために，脊椎動物では自律神経系と内分泌系の２つのシステムが協調して作動している

自律神経系の特徴

自律神経系とは内臓，皮膚，血管に分布し，**不随意的**（意志とは無関係）に筋肉や腺の働きを調節している神経系をいう。自律神経系の情報伝達は，すばやいが一時的である。自律神経系は，**交感神経系**と**副交感神経系**に大別される。

交感神経系➡脊髄から出て，内臓諸器官に分布している神経系。交感神経が作動すると，体が**興奮状態**になる。節後神経末端から出る神経伝達物質は，**ノルアドレナリン**である。

副交感神経系➡中脳，延髄，脊椎の仙髄部から出て，全身に分布している神経系。副交感神経が作用すると，体が**リラックス状態**となる。節後神経末端から出る神経伝達物質は，**アセチルコリン**である。

視床下部からの内分泌系への指令

間脳視床下部➡自律神経系の最高中枢。自律神経系，内分泌系両者に対して指令が発せられる。視床下部では，血液や体の刻々変化する状態を把握し，大脳からの情報も取り入れて，指令を出している。

脳下垂体➡視床下部にぶら下がるようにして存在する内分泌腺。**前葉**・**中葉**・**後葉**の３つの部位からなる。視床下部から内分泌系への指令は，**脳下垂体**を介して行われる。
視床下部から脳下垂体前葉を経て伝わる指令は，副腎皮質や甲状腺，生殖腺（卵巣や精巣）から出されるホルモンの濃度を調節している。

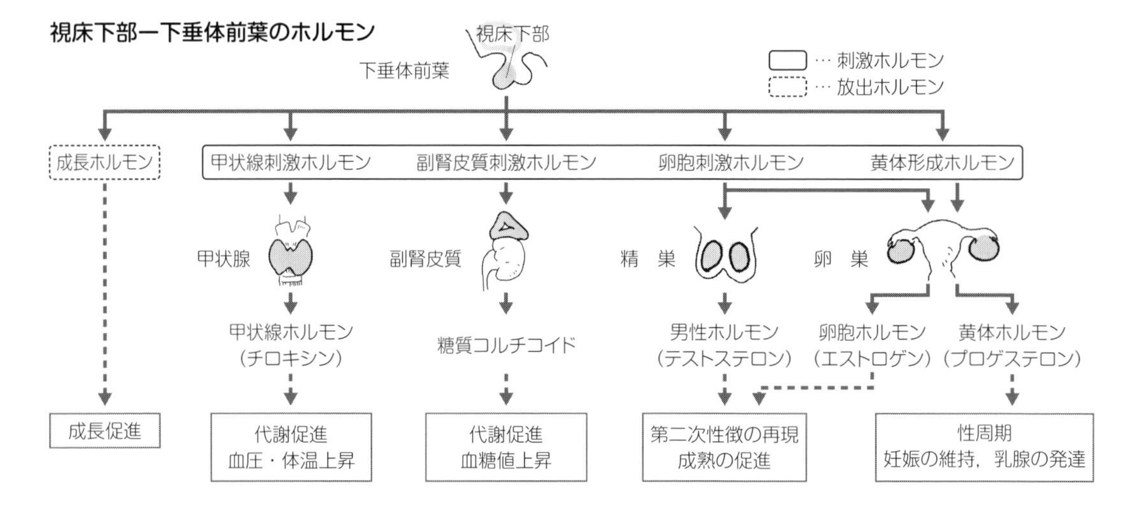

練習問題

1 次の空欄を埋めなさい

- 自律神経系は，皮膚や血管，（①　　　）に分布している神経系である。
- 自律神経の情報伝達はすばやいが一時的で，自分の（②　　　）とは無関係（不随意的）に筋肉や腺の働きを調節している。
- 交感神経系は，（③　　　）から出て，内臓諸器官に分布している神経系である。交感神経が作用すると，体が（④　　　）状態になる。
- 副交感神経系は，中脳，延髄，脊椎の仙髄部から出て，全身に分布している神経系。副交感神経が作用すると，体が（⑤　　　）状態となる。

2 交感神経と副交感神経節における接続の仕方を模式的に示した下図の空欄①と②に入る神経伝達物質を答えなさい

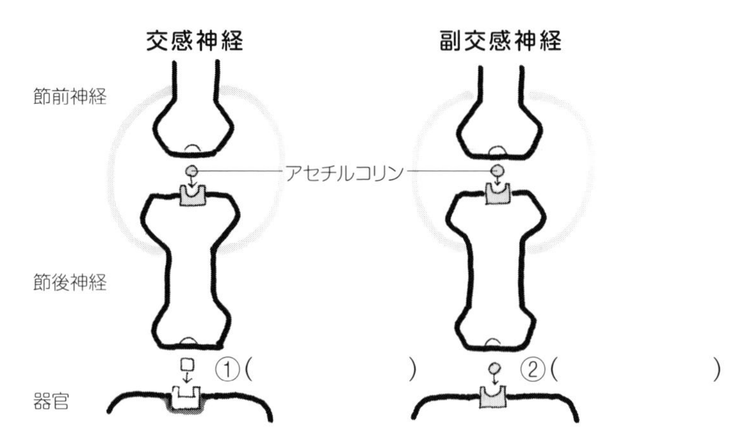

3 次の空欄を埋めなさい

自律神経系の最高中枢は，間脳にある（①　　　）である。視床下部は，自律神経系，内分泌系両者に対して指令が発せられる。視床下部から内分泌系への指令は，（②　　　）を介して伝えられる。脳下垂体が産生・分泌するホルモンは，（③　　　）のように，各器官に直接作用するもののほかに，（④　　　）のように，ほかの内分泌腺に間接的に作用するものもある。

答えはこちら⬇

35 植物の環境適応①(水分)

植物における水の重要性を理解する

❶植物細胞の膨圧を維持し，形態を保つ
❷光合成(二酸化炭素と水を材料に光エネルギーを化学エネルギーに変える)
❸土壌からの無機塩類の吸収(無機塩類が水に溶けた状態でなければ吸収できない)
❹葉からの蒸散によって，根から水分吸収のための駆動力を生み出す

植物における水分の調節(根における吸水のしくみ)

根毛➡植物の根の先端にある根毛から土壌中の水と養分を吸収する。

根毛での給水のしくみ➡根毛細胞や表皮細胞の浸透圧が土壌中よりも高いために，水が吸収される。

植物体内での水の移動➡吸収された水は，根の各組織の**浸透圧の差**により，**根毛・表皮細胞**→**表皮**→**内皮**→**道管**へと移動する。

水の上昇

根圧➡根毛から道管へと水を押し上げる力。普通の植物では 1～2 気圧。

水の凝集力➡水分子同士が引き合う力。道管内で水が途切れないのは，水の凝集力のためである。約 200 気圧に相当する。

蒸散➡水が水蒸気となって，植物体から蒸発する現象。気孔蒸散とクチクラ蒸散がある。

蒸散による吸水力➡蒸散によって葉肉の水分が減少すると，細胞の浸透圧の上昇と膨圧の低下が起こり，吸水力が上昇して，その結果，道管内の水が引き上げられる。

根圧 ＋ 水の凝集力 ＋ 蒸散による吸水力 ⇒ 水の上昇

気孔による蒸散量の調節

気孔➡植物の葉の表皮に存在するガス交換と水蒸気の放出を行うための穴。

孔辺細胞➡気孔の表皮細胞が特殊化した細胞で，**気孔**は 2 個の**孔辺細胞**に囲まれる穴である。孔辺細胞は，葉緑体をもっている細胞で，気孔側の細胞壁が特に厚くなっている。

気孔の開閉➡気孔の開閉を通して**ガス交換**と**水蒸気**の放出を行う。気孔の開閉の調節には，アブシシン酸とサイトカイニンという 2 つの**植物ホルモン**が関与している。

蒸散量の調節➡蒸散量は，光と風，そして湿度など**環境変化**を受けて変化。

練習問題

1 以下の図は，根毛での吸水のしくみに関する図である。空欄①から④に入る名称を答えよ

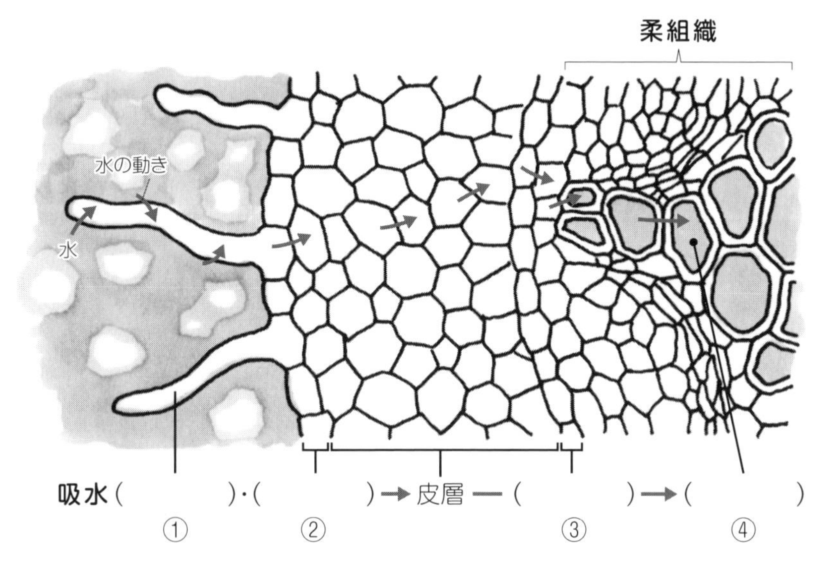

2 以下の図は，植物における水の上昇と調節に関する図である。空欄①から⑤に入る名称を答えよ

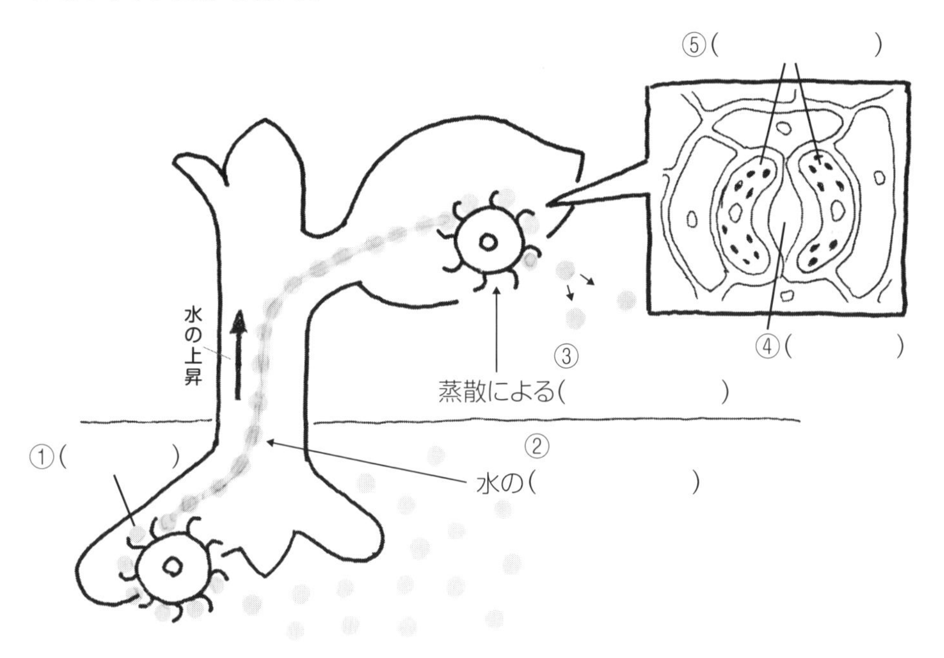

答えはこちら

36 植物の環境適応②（光合成の環境要因）

光合成に影響を及ぼす環境要因について理解する

❶光合成は，主に太陽の光エネルギーを利用し，二酸化炭素（CO_2）と水（H_2O）から有機物を合成することで，化学エネルギーに変換するしくみである

❷光合成に強い影響を与える環境因子は，エネルギー源である光，光合成の材料となる水と CO_2，そして，光合成の反応速度を支配する温度などがある

光合成の環境要因

光合成速度➡光合成による CO_2 吸収速度や O_2 発生の際の**反応速度を表す指標**のことをいう。

見かけの光合成速度➡植物は光合成による大気中の CO_2 の吸収だけでなく，自身の呼吸によって生じた CO_2 の排出を同時に行っている。このとき，光合成による CO_2 の吸収と呼吸の差を，**見かけの光合成速度**という。

真の光合成速度➡見かけの光合成速度（測定値）＋呼吸速度

呼吸速度➡暗黒時は光合成が行われないため，**暗黒時における CO_2 排出速度＝呼吸速度**となる。

環境要因

光の強さ

光補償点➡［**光合成による CO_2 吸収速度＝呼吸による CO_2 排出速度**］となるときの光の強さ。植物は，補償点以下では生育できない。

光飽和点➡光合成速度が平衡に達し，それ以上光の強さを強くしても光合成速度が上がらない状態（**光飽和**）のときの光の強さのこと。

水の量

植物体内の水分が不足➡［**気孔閉（水の蒸散抑制）**→ **CO_2 が葉の中に入らない→光合成速度低下**］となる。

CO_2

CO_2 飽和点➡光合成速度が平衡に達し，それ以上 CO_2 濃度を上げても速度が上がらない状態のときの CO_2 濃度。

温度

光合成速度が最大になるのは，**約 30℃付近**である。これは，光合成に関係している多くの酵素がその温度付近で一番活発に働くことができるからである。

練習問題

1 以下の図は，光合成速度と光の強さの関係を表したものである。空欄①～⑥にあてはまる語句を答えよ。

〔$mgCO_2/50cm^2$・時間〕

CO_2の吸収（光合成）↑

CO_2の排出（呼吸）↓

4
3
2
1
0
−1

①
②
③
④
⑤
⑥

1
2

光の強さ〔万ルクス〕 →

①（　　　　　　　　　　）

②（　　　　　　　　　　）

③（　　　　　　　　　　）

④（　　　　　　　　　　）

⑤（　　　　　　　　　　）

⑥（　　　　　　　　　　）

答えはこちら ↓

37 植物ホルモンの作用

植物の成長の調節に重要な役割を果たしている植物ホルモンについて理解する

❶植物ホルモンは，植物の成長や発達を調節する化学物質である
❷植物ホルモンは，植物体内で生成され，ごく微量で植物の生理作用に影響を与える物質
❸主要なホルモンには，オーキシン（成長促進），ジベレリン（茎の伸長促進），サイトカイニン（細胞分裂促進），アブシシン酸（成長抑制，ストレス応答），エチレン（果実の成熟促進），花成ホルモン（花芽への分化作用）がある

植物ホルモンとは

植物ホルモンとは，植物体内でつくられ，ごく微量で植物の器官形成や成長を調節する有機化合物をいう。

特徴➡①根や茎の先端，葉など，ある一定の部位でつくられ，ほかの部位に移動して作用する。
②微量で植物の成長や分化に影響を与える。

植物ホルモンの例

オーキシン➡植物の茎や根の縦方向の成長を促進する植物ホルモンの総称。天然には，**インドール酢酸**として存在。光屈性（光の方向に茎が曲がって成長する現象）のしくみを研究する際に発見された，世界で最初の植物ホルモン。オーキシンは，成長している植物の先端（頂芽）で合成されて，茎を下りて葉の付け根にあった芽（側芽）の成長を抑制している（**頂芽優勢**）。

光屈性のしくみ

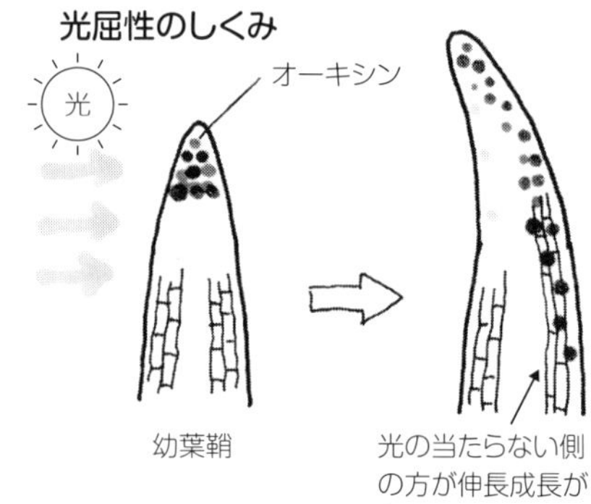

ジベレリン➡イネの，ばか苗病菌（稲を徒長させるカビ）から発見された植物ホルモン。ジベレリンは，①**茎の伸長促進**，②**種子の発芽促進**の作用がある。種なしブドウをつくる際に利用される。

サイトカイニン➡オーキシンと協働して植物の細胞分裂や器官形成の促進効果をもたらす植物ホルモン。作用は，①**細胞分裂の促進と器官の分化**，②**側芽の成長促進**，③**葉の成長促進と老化の防止**，④**気孔の開閉の調節**などがある。

アブシシン酸➡植物の成長を抑制するほか，種子の**休眠を維持する**作用のある植物ホルモン。オーキシンとは逆の作用。また，サイトカイニンとも逆で水分欠乏時に**気孔を閉じさせる。**

エチレン➡気体の植物ホルモン。果実の成熟を促進するほか，葉を垂れ下がらせる。裏層の形成を進め，落葉を促進する。**茎や根の伸長，成長**や**花芽の形成の抑制**など，広範囲に作用する。一例として，未成熟の緑色のバナナにエチレンを作用させると黄色くなる。

花成ホルモン（フロリゲン）➡葉で合成され，師管を移動し，茎の頂端（成長点）で**未分化の細胞を花芽に分化させる**作用のある植物ホルモン。

練習問題

1 以下の図は，植物ホルモンであるオーキシンのある性質を示したものである。空欄①から③にあてはまる適切な語句を記せ

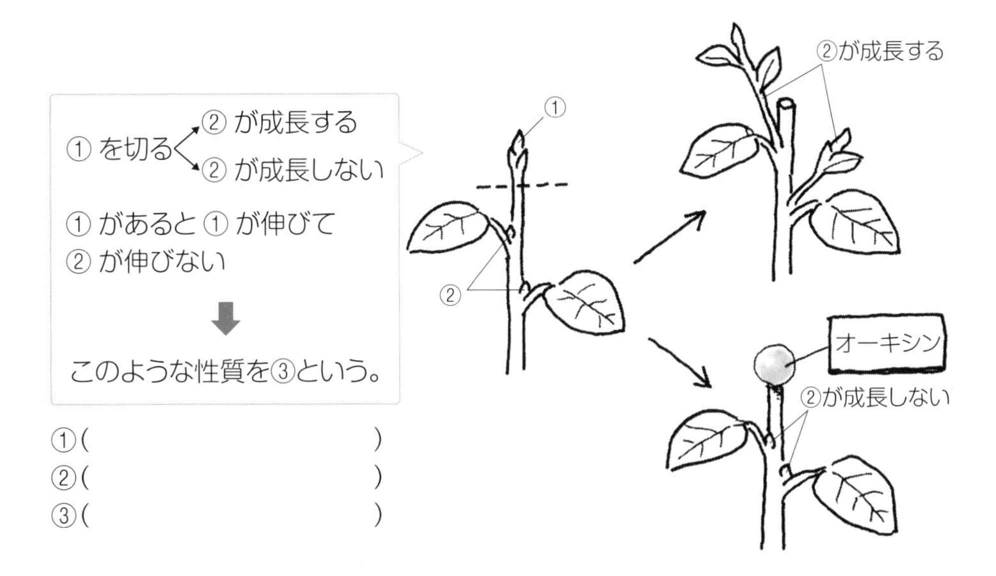

①(　　　　　　　　)
②(　　　　　　　　)
③(　　　　　　　　)

2 下記の表は，植物ホルモンとその特徴を示している。空欄①から⑥に入る植物ホルモンの名前を答えよ。

植物ホルモン	主な特徴
①(　　　　　)	細胞分裂を促進，組織培養で芽の分化促進，葉の老化抑制，気孔開放
②(　　　　　)	休眠促進・維持，気孔閉鎖
③(　　　　　)	茎の伸長を促進，根の伸長を抑制，側芽の成長を抑制，落葉落果を抑制，極性移動
④(　　　　　)	茎の伸長抑制，葉や花の老化促進，果実の成熟促進，落葉落果の促進，気体の植物ホルモン
⑤(　　　　　)	茎の伸長促進，休眠打破（発芽促進），果実の成長促進，極性移動しない
⑥(　　　　　)	未分化の細胞を花芽に分化させる作用

答えはこちら↓

38 細菌の炭酸同化①(光合成細菌)

光合成と細菌による二酸化炭素の同化について一般的な働きを理解する

光合成細菌は光合成を行う細菌のことで光合成色素をもっている。光合成細菌の光合成は植物とは異なり二酸化炭素や二酸化硫黄などの無機物から炭水化物をつくることが特徴である。

❶光エネルギーを利用する光栄養生物であり，炭酸同化を行う光合成独立栄養微生物である

❷光合成で酸素を発生する酸素発生型と酸素を発生しない酸素非発生型の2種類がある

❸植物と同様に光エネルギーを使って酸素発生型の炭酸同化するシアノバクテリアと酸素非発生型の紅色硫黄細菌や緑色硫黄細菌がある

❹酸素発生型の場合は水の酸化，酸素非発生型の場合は硫化水素の分解で得られたエネルギーを使ってカルビン・ベンソン回路(18参照)で炭酸同化する

光合成色素の種類と役割

光合成細菌は細胞内に光合成色素を含んでおり，植物の光合成と同様の役割をはたす。
光合成色素の中でも，クロロフィルaはシアノバクテリアや藻類に広く含まれる光合成色素である。また，紅色硫黄細菌や緑色硫黄細菌の光合成色素は，**バクテリオクロロフィル**といわれる色素であり，カロテノイドも含んでいる。

光合成細菌の炭酸同化

炭酸同化➡二酸化炭素を細胞の中に取り込んで炭水化物をつくること。

光合成細菌➡光合成を行う微生物。

光栄養生物➡光エネルギーを使って光合成を行う生物全般のこと。

光合成独立栄養細菌➡二酸化炭素や二酸化硫黄などの**無機物**を使って炭水化物を合成する微生物。

酸素発生型光合成➡水の酸化の際に酸素を発生して炭酸同化をする光合成。

酸素非発生型光合成➡光合成で硫化水素などを利用する微生物。水を利用しないので酸素が発生しない。

シアノバクテリア➡植物と同じ光合成を行う微生物で，**酸素発生型**の光合成を行う。

紅色硫黄細菌➡硫化水素などを利用する紅色を呈する**酸素非発生型**の微生物。

緑色硫黄細菌➡硫化水素などを利用する緑色を呈する**酸素非発生型**の微生物。

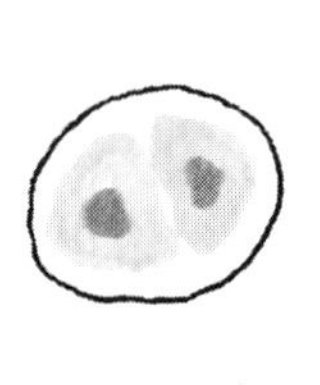

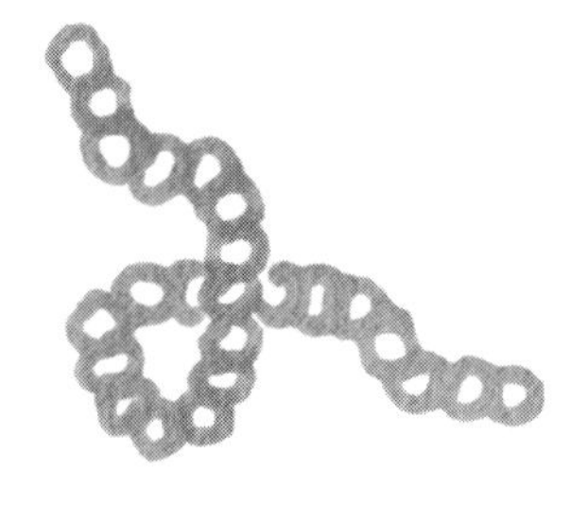

シアノバクテリア

練習問題

1 次の空欄を埋めなさい

- 二酸化炭素を細胞の中に取り込んで炭水化物をつくる働きを（①　　　　　　）といい，植物だけではなく微生物によっても行われる。
- 光合成を行う細菌を（②　　　　　　）といい，光合成を行う生物の中で真核生物以外のものをさす。
- 光合成細菌の中でも光エネルギーを利用する微生物を（③　　　　　　）といい，二酸化炭素などの無機物から炭水化物などつくる（④　　　　　　）微生物を一般的に（⑤　　　　　　）という。
- 光合成細菌には反応過程で酸素を発生する（⑥　　　　　　）と酸素を発生しない（⑦　　　　　　）や（⑧　　　　　　）がある。
- 光合成細菌は（⑨　　　　　　）をもっている。
- シアノバクテリアの光合成色素は（⑩　　　　　　）であるが，紅色硫黄細菌は（⑪　　　　　　）であり，そのほかに（⑫　　　　　　）も含んでいる。
- シアノバクテリアは植物同様に，光エネルギーにより水から酸素をつくるときに生成したATPとNADPHを利用して（⑬　　　　　　）で二酸化炭素を取り込む。
- 酸素非発生型の光合成細菌の紅色硫黄細菌は水を分解しない代わりに（⑭　　　　　　）を分解することでATPとNADPHを得る。

STEP UP

光合成色素の吸収と色の関係

ある特定の光を吸収する吸収スペクトルは光合成色素ごとに異なっている。例えば，クロロフィルaは可視光のうち紫色と赤色の光を吸収し，緑色の光を反射する特徴がある。つまり，植物やシアノバクテリアのようなクロロフィルaをもつ生物が緑色に見えるのは，この反射された波長の光によるものである。クロロフィルは，紫色と赤色の光を吸収することから，光合成にはこれらの波長の色が重要である。太陽光は可視光が全体の50％程を占めているので，光合成にとって太陽光は非常によい光エネルギーであるといえる。

答えはこちら ⬇

39 細菌の炭酸同化②(化学合成細菌)

細菌による二酸化炭素の同化について，一般的なしくみと化学反応を理解する

化学合成細菌は光合成細菌とは異なり，光エネルギーは利用せず無機物の酸化によって生じたエネルギーを利用して炭酸固定を行う微生物である。硝酸菌など地球上の窒素循環にかかわっている微生物がいる。

物質循環での役割

地球上で微生物は，有機物や無機物の分解者として働く。化学合成細菌は土壌中の無機窒素化合物や深海熱水噴出孔の硫黄化合物の酸化・分解にかかわっており，大気中の二酸化炭素を固定することで炭水化物などの有機物を生成する。

化学合成細菌の炭酸同化

化学合成細菌➡無機物の酸化で生じたエネルギーを使って炭酸同化する微生物。

亜硝酸菌➡アンモニアの酸化で生じたエネルギーを使って炭酸同化する微生物。

硝酸菌➡亜硝酸の酸化で生じたエネルギーを使って炭酸同化する微生物。

硝化菌➡硝酸菌と亜硝酸菌の総称。

アンモニア態窒素➡アンモニウムイオン(NH_4^+)の状態で存在する窒素。

硝酸態窒素➡硝酸イオン(NO_3^-)の状態で存在する窒素。植物が利用する窒素。

窒素循環➡自然界の窒素が植物や微生物により循環すること。

炭素循環➡自然界で生物により炭素が循環すること。

硫黄細菌➡硫黄化合物の酸化で生じたエネルギーを使って炭酸同化する微生物。

水素細菌➡水素の酸化で生じたエネルギーを使って炭酸同化する微生物。

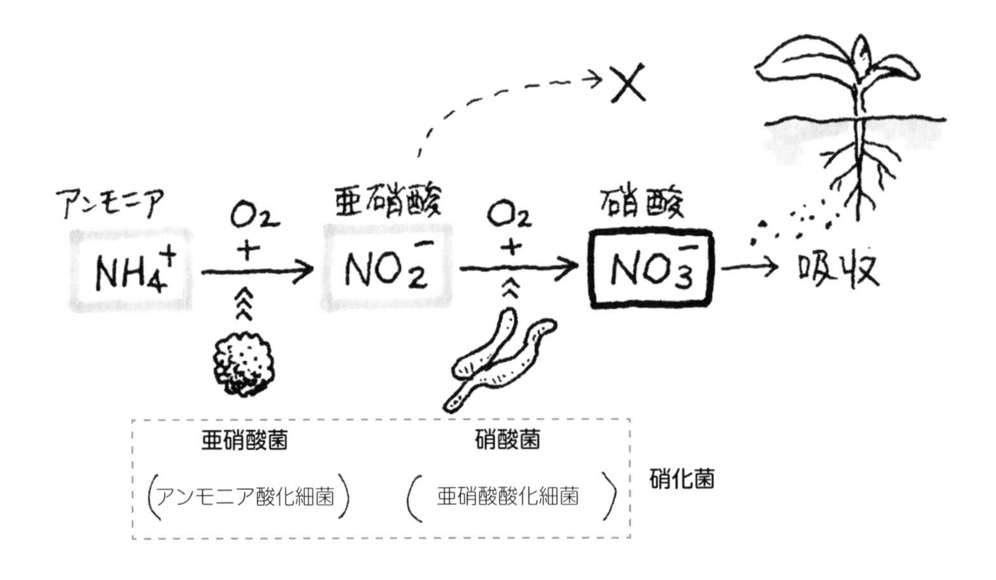

練習問題

1 次の空欄を埋めなさい

- 硫黄，鉄，アンモニアなどの無機物を（① ）することで得られる化学エネルギーを利用して二酸化炭素を同化する微生物を（② ）という。反応には酸素が必要である。
- アンモニアを酸化して亜硝酸に変換する際に生じたエネルギーを用いて炭酸同化する微生物を（③ ）という。生じた亜硝酸を硝酸に酸化する際に生じたエネルギーを用いて炭酸同化する微生物を（④ ）という。
- 亜硝酸菌と硝酸菌を総称して（⑤ ）という。
  植物が吸収する窒素のほとんどはアンモニア態窒素と硝酸態窒素なので，硝化菌は自然界の（⑥ ）に重要な役割がある。
- 硫化水素などの硫化物や硫黄を酸化する際に生じたエネルギーを用いて炭酸同化する微生物を（⑦ ）という。
- 水素を酸化するときに生じるエネルギーを用いて炭酸同化する微生物を（⑧ ）という。

2 次の化学合成細菌による炭酸同化を示す化学反応式を完成させなさい

①アンモニア（NH_3）の酸化（O_2）による酸化反応（亜硝酸菌）

（ ）＋（ ） ⇒ （ ）＋（ ）＋エネルギー

②亜硝酸（HNO_2）の酸化（O_2）による酸化反応（硝酸菌）

（ ）＋（ ） ⇒ （ ）＋エネルギー

③硫化水素（H_2S）の酸化（O_2）による酸化反応（硫黄細菌）

（ ）＋（ ） ⇒ （ ）＋（ ）＋エネルギー

④水素（H_2）の酸化（O_2）による酸化反応（水素細菌）

（ ）＋（ ） ⇒ （ ）＋エネルギー

STEP UP

化学合成細菌の共生

太陽光が届かない深海は光エネルギーを利用した光合成を行うことができず，生物が生きていくために必要な栄養素が少ない。深海の熱水噴出口からは硫化水素などが吹き出しているため，チューブワームなどの深海生物は体内に硫黄細菌を共生させることで自らが活動するエネルギーを得ている。

答えはこちら⬇

40 植物の窒素同化

植物が有している重要な仕組みである窒素同化について理解する

❶植物は，土壌中の硝酸塩やアンモニウム塩などの無機窒素化合物を吸収し，植物細胞内で有機窒素化合物に変換することができる（窒素固定）

❷動物は，無機窒素化合物を利用することができない

窒素同化

窒素同化➡地中に存在する硝酸塩やアンモニウム塩などの無機窒素化合物から，タンパク質の材料となるアミノ酸をつくり，そのアミノ酸から様々なタンパク質や核酸，クロロフィル，ATP などの有機窒素化合物に変換する機構。

（動物は窒素同化を行う能力がない。そのため，必要な有機窒素化合物はほかの有機窒素化合物からの変換か，食事を通して入手しなければならない。）

窒素同化：アンモニア（NH_4^+）→アミノ酸（植物）

窒素同化のしくみ

窒素固定：窒素分子（N_2）→アンモニア（NH_4^+）（マメ科植物の根にできる根粒菌）

窒素源の吸収➡生物の遺体や落葉，排泄物中のタンパク質は，土壌中の腐敗細菌によって分解されてアンモニア（NH_4^+）となる。NH_4^+は亜硝酸菌によって亜硝酸イオン（NO_2^-）に変換され，さらに硝酸菌によって硝酸イオン（NO_3^-）に変えられる（**硝化作用**）。NO_3^-は，根毛から吸収，道管を通じて葉に運ばれる。

硝化作用：アンモニア（NH_4^+）→亜硝酸イオン（NO_2^-）→硝酸イオン（NO_3^-）

硝酸還元➡窒素同化に直接使われるのは，NH_4^+のみである。そこで，吸収されたNO_3^-は，葉肉細胞中に存在する硝酸還元酵素によって，NO_2^-に還元され，葉緑体に入る。葉緑体中で，亜硝酸還元酵素の作用によって，NO_2^-はNH_4^+に還元される。

グルタミンの合成➡葉肉細胞中で変換されたNH_4^+は毒性があるので，グルタミン合成酵素の作用により，アミノ酸であるグルタミン酸と結合して，同じアミノ酸である**グルタミン**となる。

グルタミン酸の合成➡グルタミンがグルタミン酸合成酵素によってクエン酸回路の中間代謝産物である**α-ケトグルタル酸**と反応することで，**グルタミン酸**となる。

様々なアミノ酸の合成➡グルタミン酸のアミノ基をアミノ基転移酵素の作用により，呼吸の中間代謝産物であるピルビン酸やオキサロ酢酸などの有機酸に転移させると，それぞれアラニンやアスパラギン酸といったアミノ酸をつくり出すことができる（**アミノ基転移反応**）。同様に，**α-ケト酸**といわれる有機酸にアミノ基を転移させることで，様々なアミノ酸ができる。

タンパク質の合成➡植物細胞の DNA の支配を受け，上記の作用でつくり出されたアミノ酸を使い，各種のタンパク質が合成される。

練習問題

1 以下の文章の空欄を埋めなさい

植物は，土壌中の硝酸塩やアンモニウム塩などの（① ）窒素化合物を吸収し，植物細胞内で（② ）窒素化合物に変換することができる。このことを（③ ）という。動物は，窒素同化を行うことが（④ ）。

2 窒素同化に関する図である。図中の空欄を埋めなさい

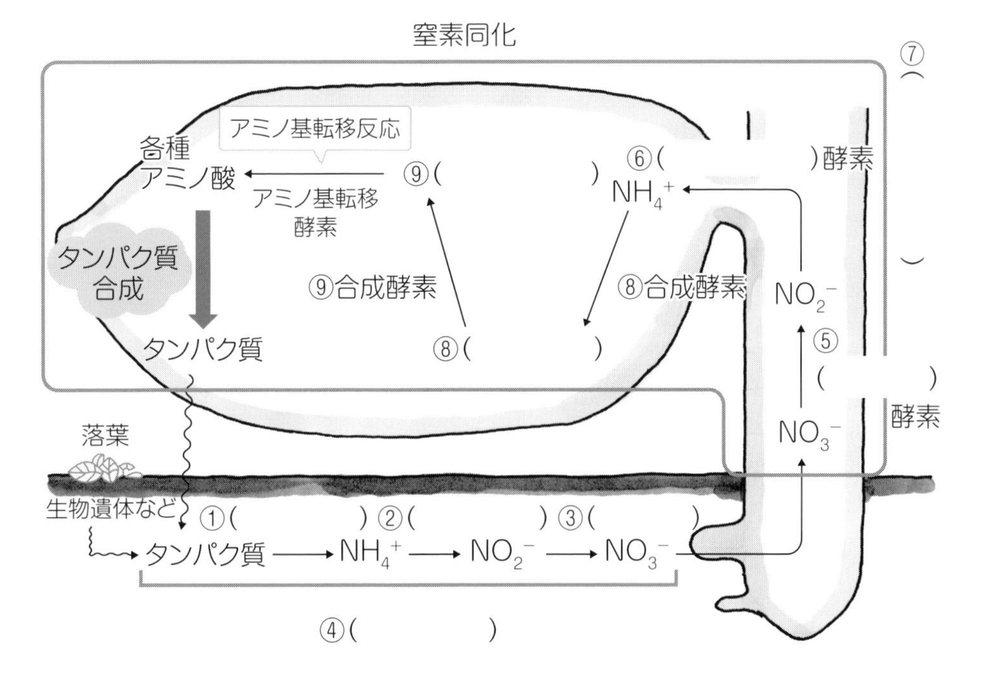

答えはこちら ⬇

化 学

1 物質の成分

混合物と純物質について理解する

❶ 物質は混合物と純物質に分けることができる
❷ 純物質とは 1 種類の物質からなるものである
❸ 混合物とは 2 種類以上の純物質が混ざったものである
❹ 純物質では，融点，沸点，密度などが一定の値となる
❺ 混合物は純物質の種類や割合でこれらの値が異なる

物質の成分

地球，宇宙には様々な物質が存在する。その物質は**純物質**と**混合物**に分けることができる。

純物質➡1 種類の物質からなるもの。純物質では，融点，沸点，密度などが一定の値となる。

例；窒素，酸素，水，エタノール，塩化ナトリウム，金　など

混合物➡2 種類以上の純物質が混ざったもの。

例；空気（窒素，酸素，アルゴン，二酸化炭素などからなる）
塩化ナトリウム水溶液（塩化ナトリウム，水からなる）
牛乳（タンパク質，脂質，水などからなる）
塩酸（塩化水素，水からなる）

混合物は純物質の種類や割合で融点，沸点，密度などの値が異なる。

物質の分類

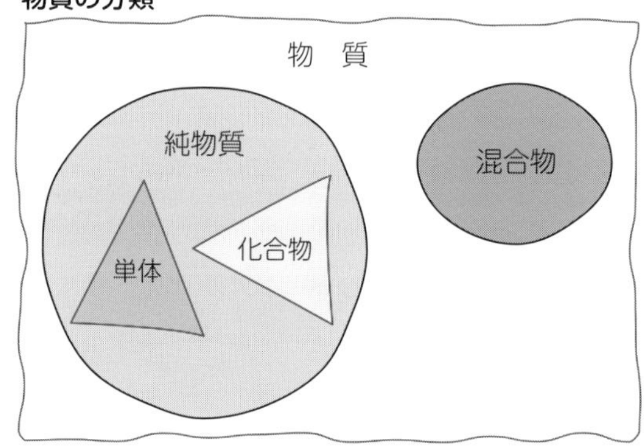

※単体・化合物については 4 を参照

POINT

融点➡固体から液体になる温度のこと（6 参照）。
沸点➡液体から気体になる温度のこと（6 参照）。
密度➡1cm^3（＝ 1mL）当りの質量のこと。単位は「g/cm^3」である（29 参照）。

練習問題

1 次の空欄を埋めなさい

（①　　　　）とは，2種類以上の（②　　　　）が混ざったものである。例えば，空気は，（③　　　　），（④　　　　），（⑤　　　　）などの純物質からなる混合物である。

2 以下の物質を純物質と混合物に分けなさい

岩，だし汁，炭酸水，ドライアイス，紙，水

純物質（　　　　　　　　　　）

混合物（　　　　　　　　　　）

STEP UP

世の中に純物質は存在するのか

世の中に100%の純度の物質はあるのだろうか。我々が実験するときに使用する試薬はどんなに高い純度でも，99.9%程度である。100%の物質を作製するには非常に費用がかかる。
例えば，純度の高い市販の塩化ナトリウムの試薬の純度は最低99.5%と書いてある。また，機器分析で用いる貴ガスアルゴンの純度も99.999%程度である。我々はこのような試薬を使用して実験する。100%の試薬を使用しなくても実験は可能だからである。

答えはこちら

2 混合物の分離・精製

いろいろな分離・精製について理解する

❶混合物から純物質を取り出す操作を分離という
❷少量の不純物を取り除き，高純度の物質を得る操作を精製という
❸分離・精製には様々な方法がある

混合物の分離・精製とその方法

分離・精製は，各純物質の融点，沸点の違いや水などに溶ける質量の違いを利用する。

分離・精製の方法

方法	操作方法と例
ろ過	ろ紙などを用いて，固体が混ざっている液体を固体と液体に分離する操作。ろ紙を通り抜けた液体を**ろ液**という。
蒸留	固体が溶けた溶液や，液体同士の混合物を加熱し沸騰させ，その蒸気を冷却して沸点の低い成分を分離する操作。 例；海水から純水を分離する操作
分留	沸点の異なる 2 種類以上の液体を含む混合物を蒸留によって，分離する操作。 例；原油から軽油(沸点 250 ～ 320℃)，灯油(180 ～ 250℃)，ナフサ(30 ～ 180℃)に分ける操作
昇華法	固体が液体を経ずに気体に変化することを**昇華**という。昇華しやすい物質だけを昇華させて気体にし，その後冷却して固体として目的の物質を取り出す方法。 例；ヨウ素と塩化ナトリウムの固体の混合物を加熱すると，ヨウ素のみ気体になる。この気体を冷却することでヨウ素の固体を取り出すことができる。
抽出	物質の溶液に溶ける割合の違いを利用し，混合物から特定の物質のみを溶かしだす操作。
再結晶	少量の不純物を含む物質を溶液に溶かし，温度などによる溶ける割合の変化を利用して純物質の 1 つを結晶として析出させる操作。
クロマトグラフィー	種々の物質を含む混合物液を紙(吸着材という)などに吸着させ，吸着力，電荷，負量，疎水性などの違いによって分離する操作。

練習問題

1 次の空欄を埋めなさい

- 混合物から目的の純物質を取り出す操作を（① ）という。
- 固体が混じっている液体を固体と液体に分離する操作を（② ）といい，分離した液体を（③ ）という。
- 混合物を吸着材に吸着させ，適当な溶液などで分離する方法を（④ ）という。

2 次の①～④にもっともよい操作は何か，答えなさい

①アルコールを含む水溶液から濃度の濃いアルコールを得る。
（ ）

②少量の黒鉛が混じったヨウ素から純度の高いヨウ素を得る。
（ ）

③硫酸銅（Ⅱ）五水和物を少量含む硝酸カリウムから純度の高い硝酸カリウムを得る。（ ）

④ヨウ素とヨウ化カリウムを含む水溶液にヘキサンを入れて，ヨウ素とヨウ化カリウムと分ける。（ ）

STEP UP

クロマトグラフィーの種類

- **ペーパークロマトグラフィー**
  混合物をろ紙に吸着させ，適当な溶液で物質を分離する。
- **薄層クロマトグラフィー**
  シリカゲルを噴霧したガラス板に混合物を吸着させ，適当な溶液で分離する。
- **カラムクロマトグラフィー**
  シリカゲルなどの吸着剤をガラス管に積め，上部から混合物を含む溶液を添加し，その後適当な溶液を上部に供することで，分子量や物質の荷電量の違いにより分離する。
- **高速液体クロマトグラフィー（HPLC）**
  高圧をかけて，吸着剤の中を混合物の液体を移動させて分離する。
- **ガスクロマトグラフィー（GC）**
  気体である混合物をヘリウムやアルゴンなどの気体とともに吸着剤の中を移動させて分離する。

答えはこちら↓

3 物質の構成元素

元素について理解する

元素について理解し，代表的な元素の記号を覚える。
❶物質を構成している基本的な成分を元素という
❷各元素はラテン語の頭文字などに由来する元素記号で表すことができる
❸物質中の元素を同定する方法には炎色反応，沈殿生成による方法，気体発生による方法がある

元素は現在，約 120 種類知られている。そのうち，約 90 種類が天然に存在する元素 (水素，酸素や金など) である。また，人工的に合成されたものも存在し，ニホニウムなどはその例のひとつである。表は一部の元素の，元素記号，日本語名，ラテン語名，英語名である。

元素記号	日本語名	ラテン語名	英語名
H	水素	Hydrogenium	Hydrogen
O	酸素	Oxygenium	Oxygen
N	窒素	Nitrogenium	Nitrogen
C	炭素	Carbonium	Carbon
Cl	塩素	Chlorum	Chlorine
Na	ナトリウム	Natrium	Sodium
K	カリウム	Kalium	Potassium
Au	金	Aurum	Gold

元素を同定する分析方法

炎色反応➡塩化ナトリウム水溶液を白金線に付着させ，ガスバーナーの外炎に入れると炎が黄色くなる。これは塩化ナトリウムがナトリウム元素を含んでいるからである。このように元素によっては特有の色を示すことがあり，この反応を炎色反応という (STEP UP 参照)。

沈殿生成➡銀を含んだ水溶液に塩酸を加えると白い沈殿物が生じる。この白い沈殿物は**塩化銀**である。この方法で，水溶液中に含まれている元素を判断することができる。

気体発生➡大理石に塩酸を注ぐと二酸化炭素が発生する (二酸化炭素は水酸化カルシウム水溶液に通すことで白沈が生ずることから判断できる)。このことから大理石には炭素元素が含まれていることがわかる。

練習問題

1 次の空欄を埋めなさい

- 物質を構成している基本的な成分で，現在約 120 種類知られているものを（① ）という。そのうち約（② ）種類が天然に存在する。
- ある水溶液を白金線に付着させ，ガスバーナーの外炎に入れると炎に色がつくことがある。このような反応を（③ ）といい，ナトリウムは（④ ）色，カルシウムは（⑤ ）色，バリウムは（⑥ ）色である。
- 銀が溶けている水溶液に塩酸を加えると（⑦ ）色の沈殿が生成される。この沈殿物は（⑧ ）である。

2 次の元素の元素記号を空欄に埋めなさい

水素		窒素		酸素		炭素	
硫黄		ケイ素		アルミニウム		リチウム	
カルシウム		ナトリウム		マグネシウム		ヘリウム	
ネオン		塩素		フッ素		ヨウ素	
ベリリウム		アルゴン		ホウ素		リン	
バリウム		臭素		金		銅	
亜鉛		銀		鉄		マンガン	

STEP UP

炎色反応の色

リチウム (Li)	ナトリウム (Na)	カリウム (K)	カルシウム (Ca)	ストロンチウム (Sr)	バリウム (Ba)	銅 (Cu)
赤色	黄色	赤紫色	橙赤色	深赤色	黄緑色	青緑色

※炎色反応は特定の元素で起こり，反応を示さないものもある。

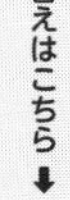

4 単体と化合物，同素体

単体と化合物の違いを理解する

❶ 1 種類の元素で構成されている純物質を単体という
❷ 2 種類以上の元素で構成されている純物質を化合物という
❸ 同じ元素からできた単体で，性質（色，硬さ，融点，密度など）の異なるものを同素体という

単体と化合物

単　体➡元素 **1 種類**で構成されている純物質。

例；水素（H_2），酸素（O_2），アルゴン（Ar），金（Au）

化合物➡**2 種類以上**の元素で構成されている純物質。

例；水（H_2O），塩化ナトリウム（NaCl），二酸化炭素（CO_2）

単体名と元素名

酸素（O）の場合，水の中に存在する酸素（O）と空気中に存在する酸素（O_2）の両方を意味する。水中では元素として，空気中では分子（**5**，**20** 参照）として，酸素をさしている。ほかには，水素（H），窒素（N），金（Au），銅（Cu）などが，炭素名と元素名が同じである。

同素体

同素体➡同じ元素からできた単体で，性質（色，硬さ，融点，密度など）の異なるものをいう。

例；炭素〔C〕➡黒鉛（灰黒色・やわらかい・電気を通す），ダイヤモンド（無色透明・硬い・電気を通さない），フラーレン（黒～褐色・有機溶媒に可溶），カーボンナノチューブ（灰色・非常にやわらかい・電気を通す）

酸素〔O〕➡酸素（O_2；無色・無臭・沸点−183℃），オゾン（O_3；淡青色・特異臭・沸点−111℃）

硫黄〔S〕➡斜方硫黄（黄色・塊状・常温で安定・融点 113℃），単斜硫黄（淡黄色・針状・融点 119℃），ゴム状硫黄（黄色～褐色・ゴム状）

リン〔P〕➡黄リン（無～淡黄色・猛毒・密度 1.82g/cm^3・空気中で自然発火），赤リン（赤褐色・ほぼ無毒・密度 2.2g/cm^3・マッチ箱の側面）

練習問題

1 次の空欄を埋めなさい

- 2種類以上の元素で構成されている純物質を（① ）という。一方，1種類の元素で構成されている純物質を（② ）という。
- 同じ元素からできているが性質が異なる，ダイヤモンドとフラーレン，酸素分子とオゾンなどの関係を（③ ）という。

2 次の物質を単体と化合物に分けなさい

鉄・水・二酸化炭素・オゾン・銅・水素・過酸化水素・ヘリウム・ホウ酸

単　体（ ）

化合物（ ）

STEP UP

同素体の覚え方

同素体が存在する元素は，硫黄（S），炭素（C），酸素（O），リン（P）の4種類である。
元素記号をこの順番で並べた「SCOP（スコップ）」と覚えるよい。

答えはこちら

5 熱運動

熱運動，拡散について理解する

❶ 物質が自然に広がっていく
❷ 拡散の現象は，分子が互いに衝突を繰り返し，そのたびに運動の向き，速度を変えて，不規則な運動をするからである。このような運動を熱運動という
❸ −273℃という温度を，絶対零度という
❹ 摂氏温度と絶対温度の関係は，T（絶対温度）＝ 273 ＋ t（摂氏温度）である

拡散

拡散➡物質が自然に広がっていく現象。（例；香水を一滴部屋にたらすと，部屋中に香りが広がっていく）現象を拡散という。

下図のように，色のついた臭素が入ったビンに無色の窒素分子が入ったビンをかぶせると，次第に窒素分子が入っていたビンも臭素の色になっていく。これも拡散の一例である。

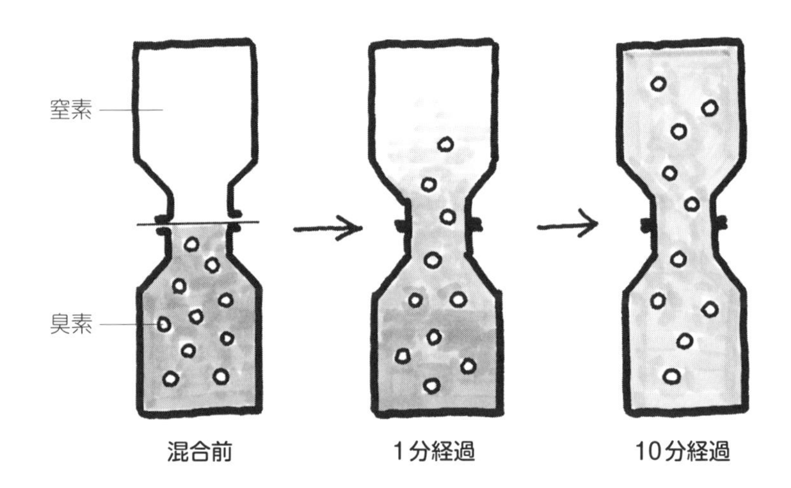

※**分子**：ひとつあるいはいくつかの原子が結びついてできた粒子（詳細は **20** を参照）

温度が高くなると，分子がより大きなエネルギーを有し，熱運動はより激しくなる。逆に，温度が低くなると分子が有するエネルギーが減り，熱運動が穏やかになる。そして，−273℃では熱運動をしなくなる。これより低い温度は存在せず，この温度を「**絶対零度**」という。

通常我々が使用している温度は，セルシウス温度（摂氏温度）という。また，−273℃を0とする温度を「絶対温度」といい，そのときの単位はK（ケルビン）である。

練習問題

1 次の空欄を埋めなさい

- 水の中にインクを一滴たらすと，水中にインクの色が広がっていく。この現象を (① 　　　　) という。
- このような現象は温度に大きな影響を受ける。温度が高いほど，物質の運動が (② 　　　　) になる。温度が低いと，物質の運動は (③ 　　　　) になり，絶対零度で　物質は (④ 　　　　) をしなくなる。
- インクに関しても，温度が高いと，この現象は (⑤ 　　　　) に起こる。

2 次の温度を [　　] の単位で答えなさい

① 0℃　[K] →

② 0 K　[℃] →

③ 27℃　[K] →

④ 100℃　[K] →

答えはこちら⬇

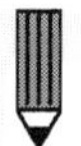

6 状態変化（気体・液体・固体）

物質の固体・液体・気体の状態を理解する

❶物質が固体・液体・気体の状態のことを，物質の三態という
❷物質の三態がそれぞれの状態に変化することを，融解（固体から液体），凝固（液体から固体），凝縮（気体から液体），蒸発（液体から気体），昇華（固体から気体），凝華（気体から固体）という

物質の三態と水の状態変化

水は1気圧（1.013×10^5Pa）のもとで，0℃以下で固体，100℃以上で気体，その間では液体で存在する。

0℃においては，固体と液体が混ざった状態であるが，固体から液体になることを**融解**といい，そのときの温度を**融点**という。その逆を**凝固**といい，そのときの温度を**凝固点**という。

液体から気体になることを**蒸発**という。100℃では，液体表面だけでなく内部からも気体が発生する状態となることを**沸騰**という。そのときの温度を**沸点**という。

気体から液体になることを**凝縮**という。

物質の三態

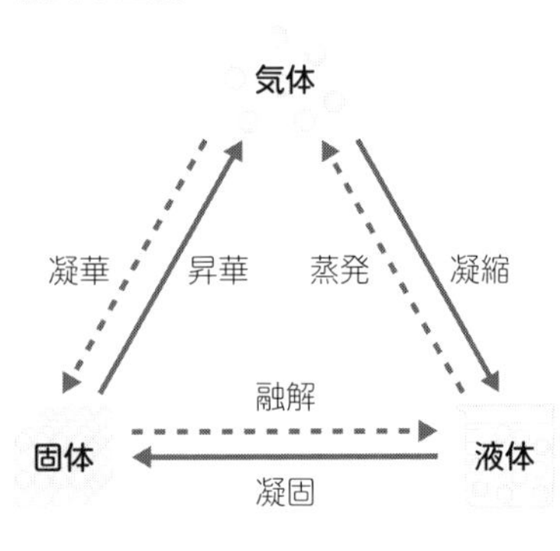

水の状態変化と温度

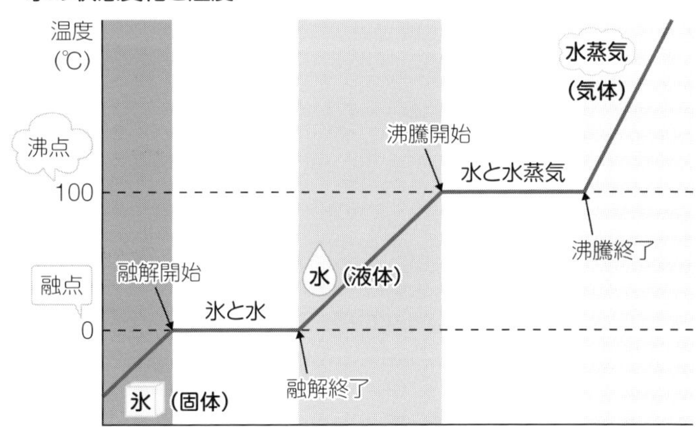

三態の分子同士の状態

固体の状態では，物質同士が引力で引き合い，その場で振動している状態である。液体の状態では，固体より弱い引力で物質同士が引き合っており，ある程度自由に動くことができる。気体の状態では，お互いの引力はなく，1つ1つの物質が自由に動いている。

練習問題

1 次の空欄を埋めなさい

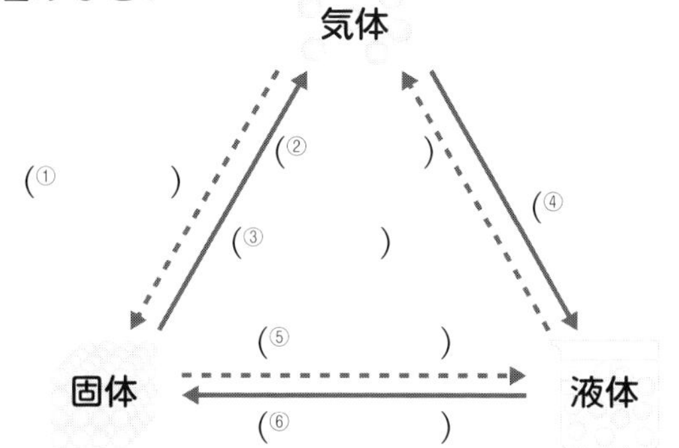

2 次の状態は，気体・液体・固体のどれか空欄に入れなさい

①物質同士の引力はなく，１つ１つの物質が自由に動いている状態
（　　　　　）

②弱い引力で物質同士が引き合っており，ある程度自由に動くことができる状態
（　　　　　）

③物質同士が引力で引き合い，その場で振動している状態
（　　　　　）

3 次の空欄を埋めなさい。また，アとイは何というか，答えなさい

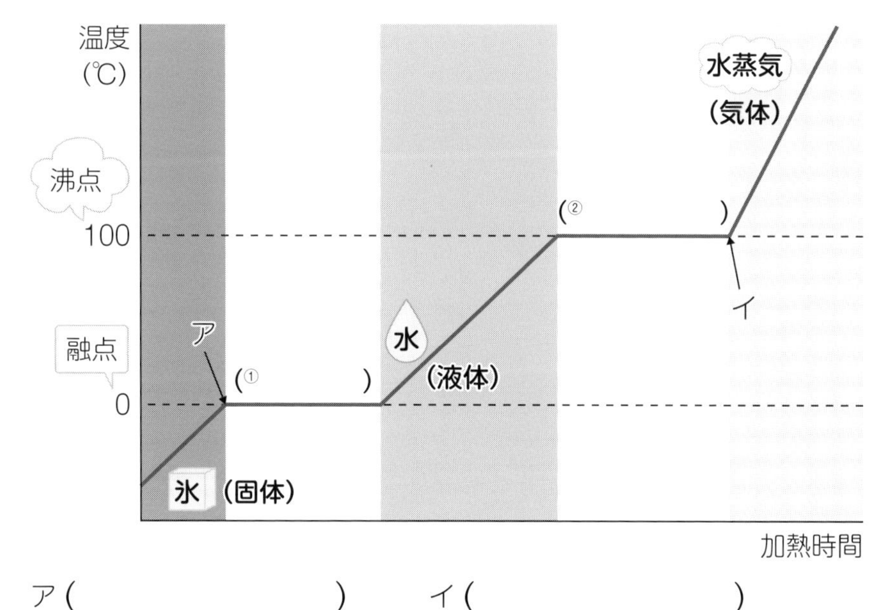

ア（　　　　　　　）　イ（　　　　　　　）

答えはこちら

7 原子の構造①（原子核と電子）

原子を構成する粒子について理解する

❶原子は，その中心に原子核があり，原子核の周りを取り巻くいくつかの電子からできている
❷原子核は，正の電荷（電気量）をもつ陽子と電荷をもたない中性子からできているため，正に帯電している
❸電子は，負の電荷をもつ
❹原子に含まれる陽子の数と電子の数は等しいので，原子は電気的に中性である

原子とは何か

原子とは，すべての物質を構成している（普通の方法ではこれ以上分割できない）最小の粒子である。原子の直径は，およそ 10^{-10}m と非常に小さい。

原子の構造

原子は，原子核と電子で形づくられている。

原子核➡原子の中心にあり，正の電荷をもっている。その中身は陽子と中性子で，正に帯電している。

陽　子➡原子核を構成している。正の電荷をもつ。

中性子➡原子核を構成している。電荷をもたない。

電　子➡原子核の周りを動き回っている。負の電荷をもつ。

原子（ヘリウムの場合）

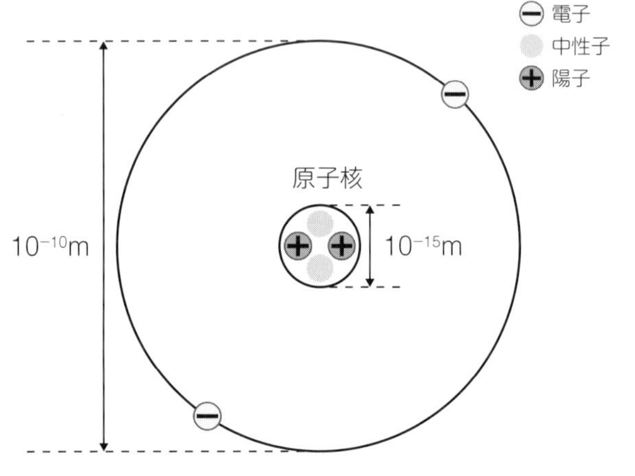

原子の大きさ

地球の2億分の1の大きさがテニスボールであり，テニスボールの2億分の1の大きさが原子である。原子の中心にある原子核は，原子の直径（10^{-10}m）の数万分の1の大きさしかない。

POINT

電子は記号「e^-」で表されることが多い。

練習問題

1 次の空欄を埋めなさい

- 原子の構造は（①　　　　　）が中心にあり，（②　　　　　）がその周りを取り巻いている。
- 原子の中心にある原子核は（③　　　　）の電荷をもっている。
- 電子は（④　　　　）の電荷をもつ粒子である。
- 地球の2億分の1の大きさがテニスボールであり，テニスボールの2億分の1の大きさが（⑤　　　　）である。
- 原子核を構成している粒子は（⑥　　　　）と（⑦　　　　）である。

STEP UP

- 陽子の電気量は $+1.602 \times 10^{-19}$C であり，電子の電気量は -1.602×10^{-19}C であり電気量の絶対値が等しい。
- 陽子と中性子の質量はほぼ等しい。
- 電子の質量は陽子や中性子と比べて約 1840 分の 1 しかない。

答えはこちら

8 原子の構造②（原子番号・質量数）

原子番号の付けられ方と，原子の重さについて理解する

❶元素とは原子の種類のことである
❷元素ごとに原子核中の陽子の数が違い，陽子の数は各元素で固有の値である
❸陽子の数を原子番号という
❹陽子の数と中性子の数の和を質量数という
❺原子の質量数は，原子の質量と比例する。各原子の相対的な質量を考えるときに便利である

原子の質量と質量数の関係

陽子の質量数 ➡ 1.673×10^{-24} g
中性子の質量数 ➡ 1.675×10^{-24} g
} 陽子と中性子の質量数は同じと考える。

電子の質量は 9.109×10^{-28} g であり，陽子や中性子に比べて 1,840 分の 1 しかないので，原子の質量に与える影響が非常に小さい。つまり，原子の質量は下記の式で表すことができる。

原子の質量 ＝おおよそ（原子中の陽子数 ＋ 中性子数）$\times 1.7 \times 10^{-24}$ (g)

これらより，原子の質量をより簡便な指標値で表すために，**「陽子の数 ＋ 中性子の数 ＝ 質量数」**で表す。

原子の構成表示

元素記号の左上に質量数，左下に原子番号を付記して示す。

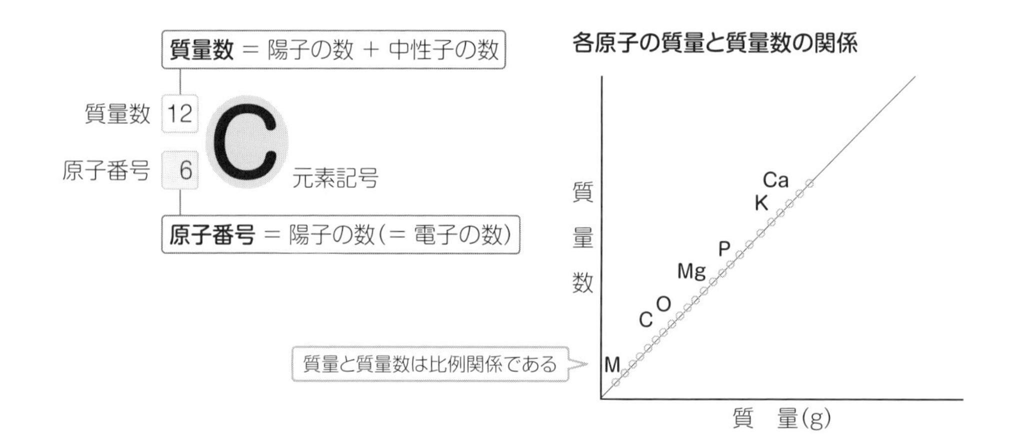

POINT

水素の原子核は陽子 1 個のみで，中性子がない。

練習問題

1 次の原子に含まれる陽子，中性子，電子の数はそれぞれ何個か空欄を埋めなさい

原子	陽子	中性子	電子
$^{12}_{6}C$			
$^{14}_{7}N$			
$^{16}_{8}O$			
$^{23}_{11}Na$			
$^{24}_{12}Mg$			
$^{31}_{15}P$			
$^{39}_{19}K$			
$^{40}_{20}Ca$			

2 次の空欄を埋めなさい

- 陽子 1 個の質量は約 (① 　　　　　　) g である。
- 中性子 1 個の質量は約 (② 　　　　　　) g である。
- 電子の質量は陽子の約 1/1,840 であるため，原子の質量に影響を (③ 　　　　　　)。

答えはこちら↓

9 同位体

同位体とは，いったい何かを理解する

元素について理解し，代表的な元素の記号を覚える。

❶ 同位体は，原子番号（陽子の数）が同じでも，中性子の数が違うために質量数が異なるため生じる
❷ 同位体同士は，化学的性質はほぼ同じである
❸ 同位体の中には，一部の放射線を放出するものがあり，それを「放射性同位体」という

同位体

原子番号（陽子の数）が同じで質量数が異なる原子を互いに**同位体**（アイソトープ；isotope）という。

同位体は，中性子の数が異なるだけで陽子の数は同じである。

原子の化学的性質は電子の数（＝陽子の数）で決まるので，同位体同士の化学的性質はほぼ同じである。

多くの元素には数種類の同位体があり，地球上に一定の割合で存在する。

各元素の同位体と存在比の例

元素	同位体	質量数	存在比（%）
水素 $_{1}H$	$^{1}_{1}H$	1	99.9885
	$^{2}_{1}H$	2	0.0155
	$^{3}_{1}H$	3	ごく微量※
炭素 $_{6}C$	$^{12}_{6}C$	12	98.93
	$^{13}_{6}C$	13	1.07
	$^{14}_{6}C$	14	ごく微量※
窒素 $_{7}N$	$^{14}_{7}N$	14	99.636
	$^{15}_{7}N$	15	0.364

※ごく微量に存在する H や C は放射性同位体である。
注：Al，Na，F などは同位体が 1 個しかなく，存在比は 100% である。

放射性同位体

同位体の中でも，原子核が不安定で放射線といわれる粒子や電磁波を放出して，自然に別の原子核に変わるものを**放射性同位体**（ラジオアイソトープ；radioisotope）という。

壊変（崩壊）➡放射性同位体が放射線を放出して別の元素の原子になることを壊変または崩壊という。**α壊変**，**β壊変**，**γ壊変**の 3 種類があり，それぞれα線，β線，γ線の放射線を放出する。放射性同位体が壊変し，量が半分になるまでの時間を半減期という。半減期は各放射性同位体で，それぞれ異なる。放射線を放出する物を**放射性物質**といい，その能力を**放射能**という。

練習問題

1 次の空欄を埋めなさい

- 同位体とは（①　　　　）の数が同じで，（②　　　　）の数が異なるため質量数が異なる（③　　　　）の集まりである。
- 放射性同位体は（④　　　　）で（⑤　　　　）を放出して別の元素の原子に変わる。
- 放射性同位体の壊変には，（⑥　　　）壊変・（⑦　　　）壊変・（⑧　　　）壊変の3種類がある。
- 放射性同位体の（⑨　　　　）によって放射性同位体は別の元素の原子に変わる。
- 同位体同士の化学的性質は（⑩　　　　）である。

STEP UP

壊変の種類と放射線

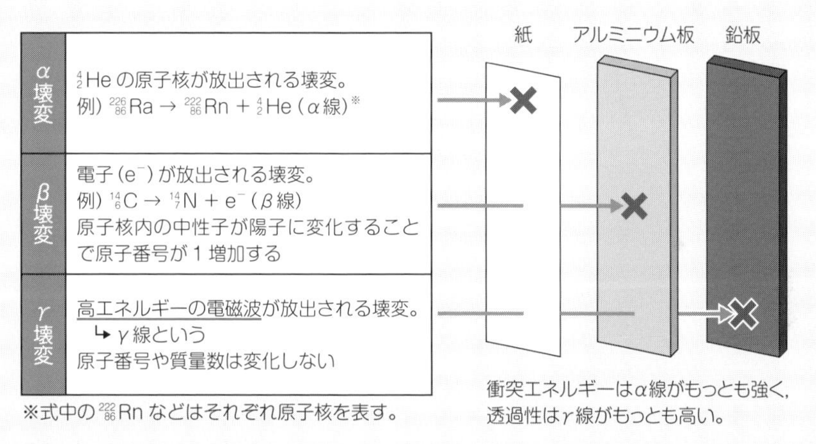

成層圏では宇宙からの放射線によってできる中性子と ^{14}N（窒素原子）が反応し，ほぼ一定の割合で放射性同位体である ^{14}C が生じる。この ^{14}C は CO_2 として大気中に拡散して半減期に伴って壊変していき，再び ^{14}N に戻る。一方で，植物は光合成で ^{14}C が一定の割合で存在する CO_2 を光合成で取り込み，動物はこれを捕食する。そのため，生物は一定の割合で ^{14}C をもつ。生物は死ぬと C の取り込みがなくなるため，死んだ瞬間から体内の ^{14}C が壊変し，減り続ける。したがって，化石などの ^{14}C 割合を測定することで，化石となった生物の死んだ年代が推定できる。ちなみに ^{14}C の半減期は 5730 年である。

答えはこちら↓

10 原子の電子配置（最外殻電子と価電子）

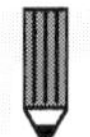

原子中の電子の位置について理解する

❶原子中の電子は電子殻と呼ばれるいくつかの層に存在する
❷電子殻は原子核に近い内側の層からK殻，L殻，M殻，N殻・・と呼ばれる
❸各電子殻に収容される電子の最大数は，原子核を中心にK殻（2個），L殻（8個），M殻（18個），N殻（32個）…$2n^2$個と決まっている

電子配置のルール

原子番号1～20までは以下の規則に則って電子が配置される。

- 基本的に電子は内側にある**K殻**から順に配置される。
- 原子は電子殻にある電子数が最大数になっているか，もしくは，電子数が8個のときにもっとも安定である。

電子殻と収容できる最大電子数

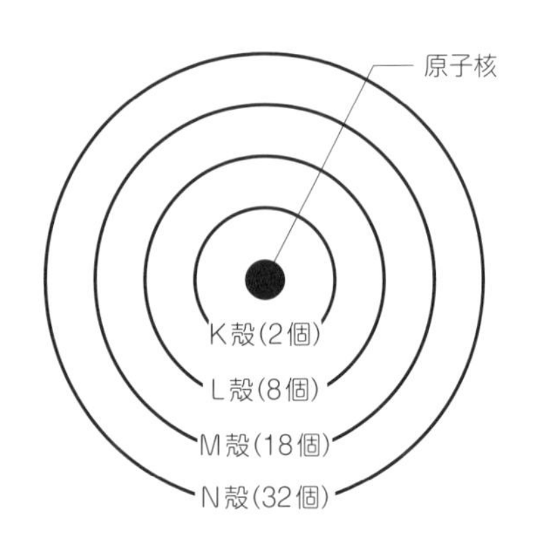

原子番号20までの電子配置

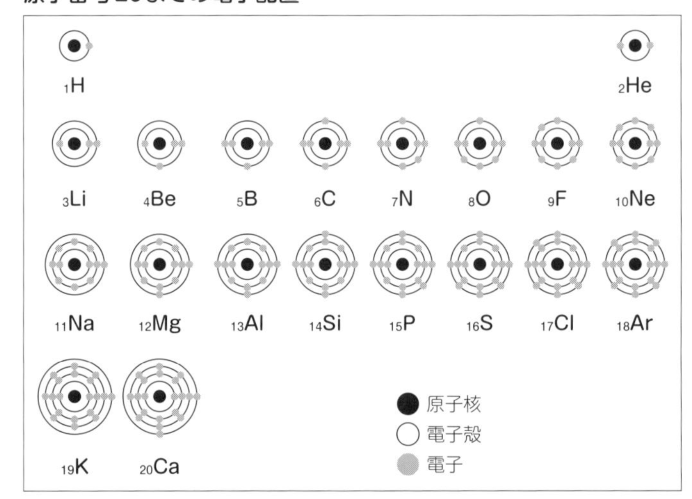

最外殻電子

- 原子の最外殻（もっとも外側の電子殻）に存在する電子。
- 原子のサイズやイオン化エネルギーに関連する。
- 元素の化学的性質に大きく影響を与える。

価電子

- 最外殻電子の中でも，化学結合に寄与する1～7個の電子。
- 元素の化学的特性を決定する主要な要因。
- 同族元素（周期表の同じ縦列にある元素）では同じ数の価電子をもつ。

練習問題

1 次の電子殻に収容される電子の最大数を空欄に埋めなさい

K殻（① ）個　L殻（② ）個　M殻（③ ）個

N殻（④ ）個

2 次の空欄を埋めなさい

- 原子番号1～20の元素について電子配置のルールでは，電子は内側にある（① ）から順に配置される。
- 最外殻電子は原子の（② ）に大きな影響を与える。
- （③ ）は元素の化学的特性を決定する。

3 カリウム（K，原子番号19）の電子配置を示し，価電子の数を答えなさい

カリウムの電子配置：

カリウムの価電子数：

STEP UP

閉殻構造

貴ガス原子（He，Ne，Ar，Kr，Xeなど18族）の最外殻電子数はHeが2個，そのほかはすべて8個である。貴ガス原子は単原子分子として存在し，化合物をつくりにくいという共通の性質をもつ。つまり，貴ガスの価電子は「0個」である。このような安定な電子配置を「閉殻構造」ということがある。

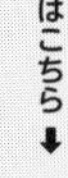

11 周期律

元素の性質が原子番号の増加に伴って周期的に変化する規則性をもつことを理解する

❶元素を原子番号(陽子の数＝電子の数)順に並べると，単体の融点，原子の大きさ，イオン化エネルギーなどが周期的に変化する

❷周期的な変化は，各原子がもつ価電子の数に対応する

❸元素の化学的性質の周期的な変化を周期律という

周期律

原子半径と周期律➡同周期では，原子番号が大きくなるほど原子半径は小さくなる。原子番号が増えることは，陽子数が増えることと同じである。そのため，原子核の正電荷が強くなり，電子が原子核に引き寄せられ，原子半径が小さくなる。

イオン化エネルギーと周期律➡同周期では，原子番号が大きくなるほどイオン化エネルギーは増加する(14参照)。原子番号が増える(＝陽子数が増加する)ために，電子がより原子核に強く引き付けられ，電子を取り除くのが難しくなり，イオン化エネルギーが増加する。

融点と周期律➡一般的な傾向として，周期の中央部の元素(遷移金属など)は高い融点をもつことが多い。

価電子と周期律➡元素に周期律が存在するのは，原子番号の増加に伴い，原子の価電子の数が周期的に変化するためである。

原子番号と元素の各性質からみた周期律

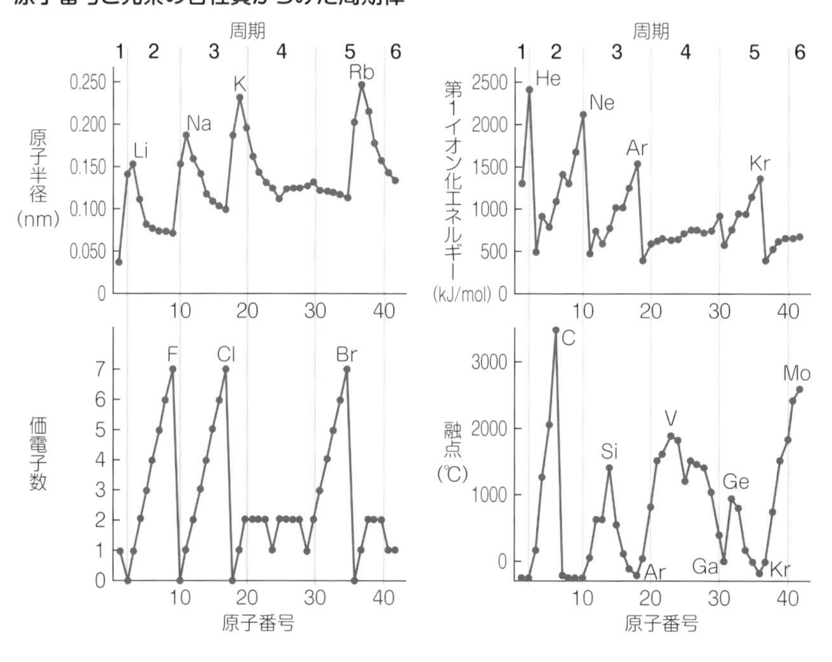

練習問題

1 次の空欄を埋めなさい

- 元素を原子番号（陽子の数＝電子の数）順に並べると，単体の融点，原子の大きさ，イオン化エネルギーなどが周期的に変化する。これらの周期的な変化は，各原子がもつ（① 　　　　）の数に対応する。
このような元素の化学的性質の周期的な変化を（② 　　　　）という。
- 同周期では，原子番号が大きくなるほど原子半径は（③ 　　　　）なる。
原子番号が増えるということは，陽子数が増えることと同じであるため，原子核の正電荷が強くなり，電子が原子核に引き寄せられ，原子半径が（④ 　　　　）なる。
- 同周期では，原子番号が大きくなるほどイオン化エネルギーは（⑤ 　　　　）する。
- 原子番号が増える（＝陽子数が増加する）ために，電子がより原子核に強く引き付けられるため，電子を取り除くのが難しくなるためイオン化エネルギーが（⑥ 　　　　）する。
- 一般的な傾向として，周期の（⑦ 　　　　）の元素（遷移金属など）は高い融点をもつことが多い。
- 元素に周期律が存在するのは，原子番号の増加に伴い，原子の（⑧ 　　　　）の数が周期的に変化するためである。

STEP UP

価電子（元素の化学的特性を決定する主要な要因）の数が周期的に変化することが，周期律を決定づけている。

答えはこちら↓

12 元素の周期表

周期表から元素の性質における法則性を理解する

❶元素は約120種類存在し，周期表は，そのすべてを原子番号の順に並べたものである
❷周期表の縦の列を「族」といい，性質の似た元素を並べている
❸周期表の横の列を「周期」といい，同種の電子殻が最外殻になっている

同族元素

同じ「族」に属する元素のことを**同族元素**という。
一般に価電子の数が同じであるため，化学的性質が似ていることが多い。
特に性質がよく似ている同族元素は，アルカリ金属（Hを除く1族元素），アルカリ土類金属（2族），ハロゲン（17族），貴ガス（18族）と特別な名称で呼ばれる。

典型元素

典型元素とは，**アルカリ金属**（第1族），**アルカリ土類金属**（第2族），第12族から第16族，**ハロゲン**（17族），**貴ガス**（18族）に属する。
原子番号の増加に伴って，価電子の数が周期的に変化するため，同族元素は価電子の数が等しく，化学的性質がよく似る。

遷移元素

3族から11族（または12族）に属する元素。
原子の最外殻電子の数が1または2でほとんど変化しないため，周期表の左右となりの元素同士でも性質が似ることが多い。

金属元素と非金属元素

単体が金属光沢をもち，電気や熱をよく通す元素を金属元素といい全元素の約80%を占める。遷移元素はすべて**金属元素**で，典型元素の1，2，12族の元素などである。周期表の右上に存在する。
金属元素以外の元素を**非金属元素**という。

陽性と陰性

原子が陽イオンになりやすい性質を「陽性」，陰イオンになりやすい性質を「陰性」という。
同族元素➡原子番号が大きいものほど陽性が強く，小さいものほど陰性が強い傾向がある。
同一周期➡原子番号が大きいものほど陰性が強く，小さいものほど陽性が強い傾向がある。

練習問題

1 次の空欄を埋めなさい

- 元素を周期律に基づいて配列した表を（① 　　　　）といい，縦の行を（② 　　　　），横の列を（③ 　　　　）という。
- 第 1 族元素を（④ 　　　　），第 2 族元素を（⑤ 　　　　），化学的性質が特に似た 17 族元素を（⑥ 　　　　）といい，18 族元素を（⑦ 　　　　）という。

元素の周期表

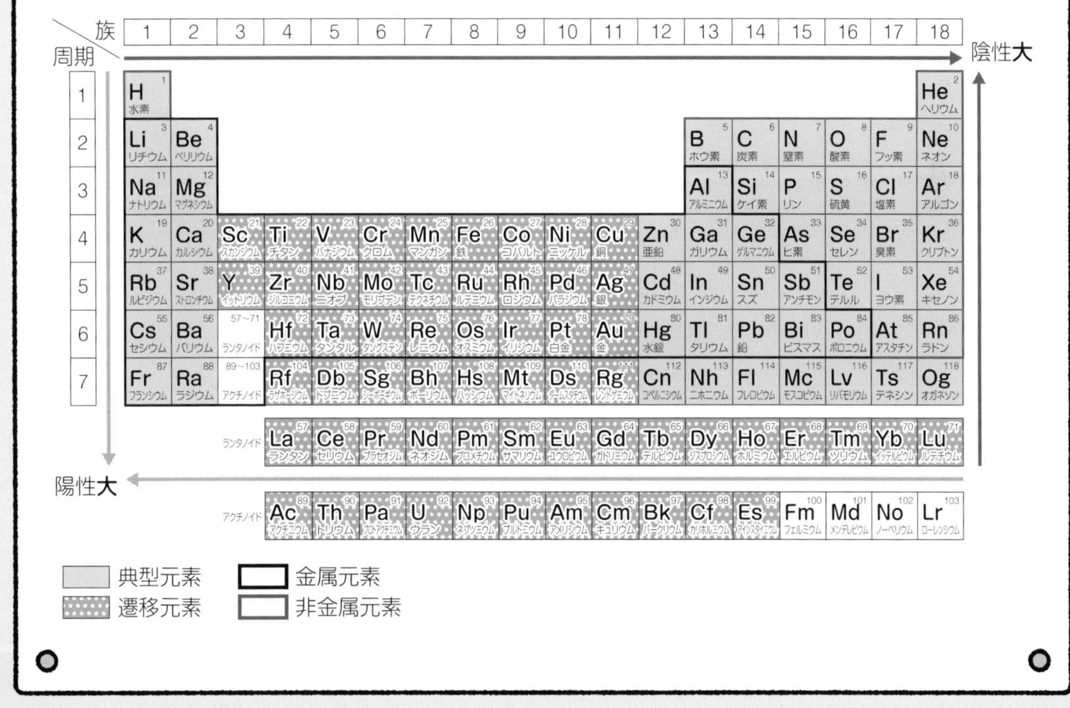

答えはこちら ⬇

13 イオン（陽イオン・陰イオン）

イオン（陽イオン・陰イオン）について理解する

❶原子が電子を失ったり，受け取ったりして電荷を有した粒子をイオンという
❷原子が電子を失って正の電荷を有した粒子を陽イオンという
❸原子が電子を受け取り負の電荷を有した粒子を陰イオンという
❹原子がイオンになるときの授受される電子数を価数という
❺1個の原子からなるイオンを単原子イオン，2個以上の原子からなる原子団のイオンを多原子イオンという

イオン（陽イオン・陰イオン）

イオン➡原子は，陽子の数と電子の数は等しいので，電気的に中性である。しかし，電子を失ったり，受け取ったりすると，正の電荷や負の電荷を帯びる。このように，電荷を帯びた粒子のことをイオンという。

・正の電荷をもつ粒子を「**陽イオン**」，負の電荷をもつ粒子を「**陰イオン**」という。

・1個の原子からなるイオンを**単原子イオン**（Na^+，Ca^{2+}など），2個以上の原子からなる原子団のイオンを**多原子イオン**（NH_4^+，SO_4^{2-}など）と呼ぶ。

また，価数が二価以上のときは右上にその数字を記す（Cu^{2+}，O^{2-}など）。

例；NaCl（塩化ナトリウム）

（Na^+→一価の陽イオン，Cl^-→一価の陰イオン）

NaClが水に溶けるのは，水の中で正の電荷をもつナトリウムイオン（Na^+）と負の電荷をもつ塩化物イオン（Cl^-）に分かれるからである。塩化ナトリウムは，水の中ではナトリウムは電子を1個失って陽イオンとなり，ナトリウムから出された1個の電子を塩素が受け取って，陰イオンとなっている。

代表的な陽イオン・陰イオン

イオン	一価						
陽	H^+ 水素イオン	Li^+ リチウムイオン	Na^+ ナトリウムイオン	K^+ カリウムイオン	Cu^+ 銅（I）イオン	Ag^+ 銀イオン	NH_4^+ アンモニウムイオン
陰	F^- フッ化物イオン	Cl^- 塩化物イオン	Br^- 臭化物イオン	I^- ヨウ化物イオン	OH^- 水酸化物イオン	NO_3^- 硝酸イオン	CH_3COO^- 酢酸イオン

イオン	二価					三価	
陽	Mg^{2+} マグネシウムイオン	Ca^{2+} カルシウムイオン	Ba^{2+} バリウムイオン	Fe^{2+} 鉄（Ⅱ）イオン	Cu^{2+} 銅（Ⅱ）イオン	Al^{3+} アルミニウムイオン	Fe^{3+} 鉄（Ⅲ）イオン
陰	O^{2-} 酸化物イオン	S^{2-} 硫化物イオン	SO_4^{2-} 硫酸イオン	CO_3^{2-} 炭酸イオン			

練習問題

1 次の空欄を埋めなさい

Mg^{2+} や Ca^{2+} のような物質を（① ）価の（② ）という。一方，F^- や Cl^- のような物質を（③ ）価の（④ ）という。また，CH_3COO^- や SO_4^{2-}，NH_4^+ のような物質を（⑤ ）という。

2 次のイオンの化学式を書きなさい

①ナトリウムイオン （ ）
②鉄（Ⅲ）イオン （ ）
③炭酸イオン （ ）
④水酸化物イオン （ ）
⑤硫化物イオン （ ）
⑥バリウムイオン （ ）
⑦銀イオン （ ）
⑧銅（Ⅱ）イオン （ ）
⑨アルミニウムイオン （ ）
⑩硫酸イオン （ ）

3 次の化学式の日本名を書きなさい

① NH_4^+ （ ）
② I^- （ ）
③ CH_3COO^- （ ）
④ H^+ （ ）
⑤ Cl^- （ ）

STEP UP

典型元素と遷移元素の陽イオン

典型元素の中の金属，例えばナトリウム，カリウムなどは１種類の価数の陽イオンになりやすいが，遷移元素の金属は様々な価数のイオンになることがある。例えば，鉄は二価と三価，銅は一価と二価，マンガンは，二，四，七価などになりやすい。

答えはこちら ↓

14　イオン化エネルギーと電子親和力

イオン化エネルギーと電子親和力を理解する

原子には陽イオンになりやすいものと，陰イオンになりやすいものがある。その指標として，イオン化エネルギーと電子親和力がある。

❶イオン化エネルギーは，原子１個から最外殻の電子１個を取り去って一価の陽イオンにするのに必要なエネルギーをいう

❷イオン化エネルギーは周期律に従う

❸電子親和力は，原子が電子１個を受け取って，一価の陰イオンになるときに放出されるエネルギーをいう

イオン化エネルギーと電子親和力

一般にイオン化エネルギーが小さい原子ほど**陽イオン**になりやすい。

イオン化エネルギーを原子番号の順に並べると，図のように周期的に変化している。貴ガスである He, Ne, Ar は価電子が 0 で安定な電子配置なので，イオン化エネルギーが高い。一方，価電子が 1 である Li, Na, K などのあるアルカリ金属の原子は，1 個の電子を放出して一価の陽イオンになると価電子 0 で安定な電子配置なので，イオン化エネルギーが低い。

一般に，電子親和力が大きい原子ほど**陰イオン**になりやすい。

イオン化エネルギー

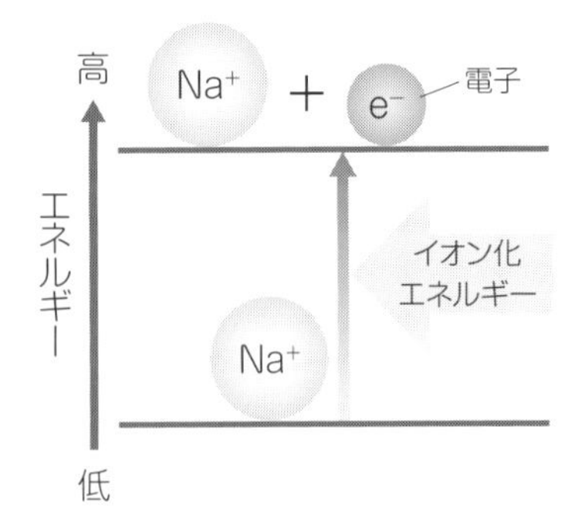

原子のイオン化エネルギー

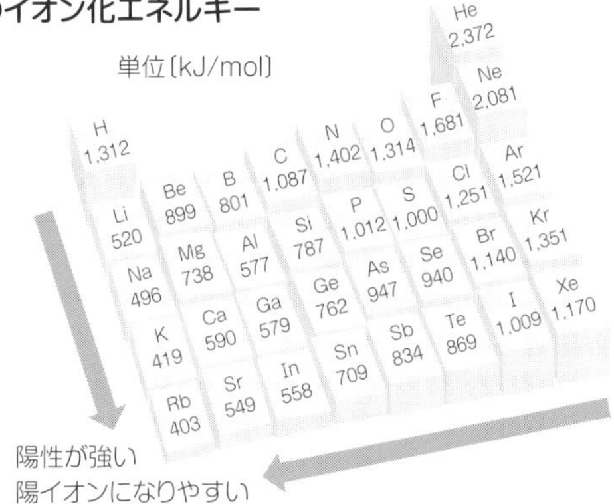

電子親和力

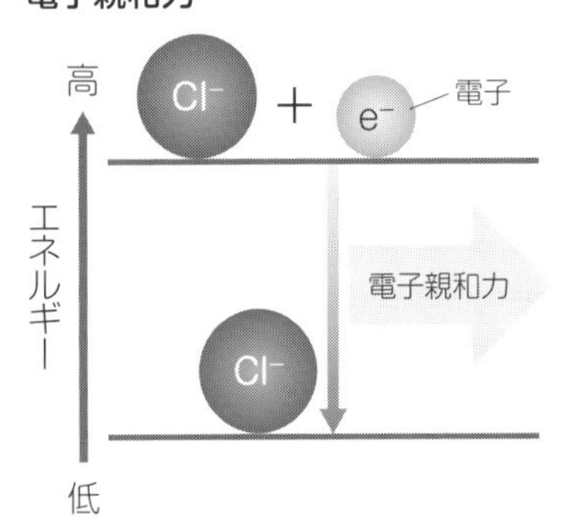

原子の電子親和力

Cl：349kJ/mol
S ：200kJ/mol

陰性が強い
陰イオンになりやすい

練習問題

1 次の下線部について，正しいものには○，間違っているものには×をつけ，さらに訂正しなさい

①原子１個から電子１個を取り去り，一価の陽イオンにするのに必要なエネルギーをイオン化エネルギーという。

(　　)(　　　　　　　　　)

②一般に同じ周期の元素の中でもっともイオン化エネルギーが高いのは，ハロゲンである。

(　　)(　　　　　　　　　)

③原子が電子を１個受け取って，一価の陰イオンになるときに放出されるエネルギーを電子親和力という。

(　　)(　　　　　　　　　)

④原子番号１～20においては，同じ族の元素を比べると，イオン化エネルギーは原子番号が大きいほど小さくなる。

(　　)(　　　　　　　　　)

⑤原子から電子２個を取り去るのに必要なエネルギーを第２イオン化エネルギーという。

(　　)(　　　　　　　　　)

STEP UP

第１イオン化エネルギーと第２イオン化エネルギー

原子１個から最外殻の電子１個を取り去って一価の陽イオンにするのに必要なエネルギーを第１イオン化エネルギーということもある。２個目の電子を取り去る場合には，第２イオン化エネルギー，３個目の電子を取り去る場合を第３イオン化エネルギーという。
ヘリウムの第１イオン化エネルギーは 2,372kJ/mol，第２イオン化エネルギーは 5,251kJ/mol のように，一般に第２イオン化エネルギーの方が第１イオン化エネルギーの方が大きい。また，ナトリウムとマグネシウムの第２イオン化エネルギーではマグネシウムの方が小さい。

答えはこちら

15 イオン結合

イオン結合について理解する

❶陽イオンと陰イオンの静電気的な引力（クーロン力）による結びつきを，イオン結合という
❷イオンの大きさは元の原子よりも，陽イオンは小さくなり，陰イオンは大きくなる

イオン結合とは

ナトリウムの最外殻の電子が１個放出され，その電子を塩素が受け取る。このとき，ナトリウムは陽イオン（Na^+）となり，塩素は陰イオン（Cl^-）となり，正の電荷と負の電荷を帯びるのでお互いに引き合い（**クーロン力**），塩化ナトリウムとなる。

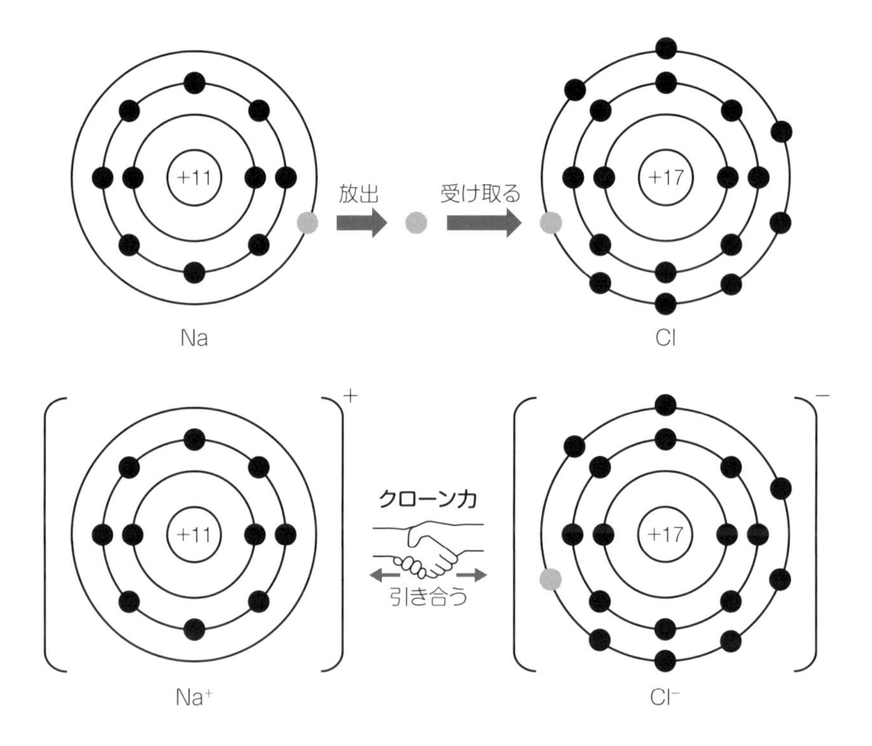

原子に大きさがあるように，イオンにも大きさがあり，大きさを**半径**で表す。
原子が陽イオンになると最外殻の電子が放出されるので，陽イオンはもとの原子よりも小さくなる。原子が陰イオンになると，最外殻に電子が入り，陰イオンの半径はもとの原子の半径より大きくなる。同じ電子配置になるイオンの半径を比べると，原子番号が大きいほど小さくなる（STEP UP 参照）。

練習問題

1 次の空欄を埋めなさい

イオン結合とは (①) と (②) の (③) 力による結びつきである。

2 次のイオンでできるイオン結合の物質の物質名を書きなさい。

①ナトリウムイオンと塩化物イオン ( )

②マグネシウムイオンと塩化物イオン ( )

③アルミニウムイオンと水酸化物イオン ( )

④カリウムイオンと水酸化物イオン ( )

⑤アンモニウムイオンと硫酸イオン ( )

⑥カルシウムイオンと炭酸イオン ( )

STEP UP

同じ電子配置になるイオンの半径

族	16	17	18	1	2	13
原子半径 (nm)	$_{8}O$ 0.074	$_{9}F$ 0.072	$_{10}Ne$ 0.154	$_{11}Na$ 0.186	$_{12}Mg$ 0.160	$_{13}Al$ 0.143
イオン半径 (nm)	$_{8}O^{2-}$ 0.126	$_{9}F^{-}$ 0.119	—	$_{11}Na^{+}$ 0.116	$_{12}Mg^{2+}$ 0.086	$_{13}Al^{3+}$ 0.068

半径大 ← → 半径小

イオン半径 → 小

答えはこちら ↓

16 組成式のつくり方と名称

組成式を理解する

❶組成式は，物質を構成する原子あるいは原子団の割合を最も簡単な整数比で示した化学式をいう
❷イオンからなる物質は，陽イオンによる正電荷の総和と陰イオンによる負電荷の総和が等しく，イオン結晶として電気的に中性になる

陽イオンの価数 × 陽イオンの数 ＝ 陰イオンの価数 × 陰イオンの数

❸組成式がつくれると，名称を付けることができる

組成式のつくり方と名称のつけ方

組成式➡物質を構成する原子あるいは原子団のもっとも簡単な整数比で示した化学式（元素記号と数字を使って物質の組成や構造を表した式）をいう。

イオンからなる物質は，構成するイオンとその数の比を示す組成式で示す。

①陽イオン，陰イオンの順に並べる
②イオンの電荷の符号を消してイオンの価数を取り出す
③価数を逆にして，元素記号の右下に，②の数字を小さく書く
④右下に１と書いた場合は，消す
◎日本語名称は，陰イオン，陽イオンの順で，「イオン」を取って読む
◎英語名称は陽イオン，陰イオンの順

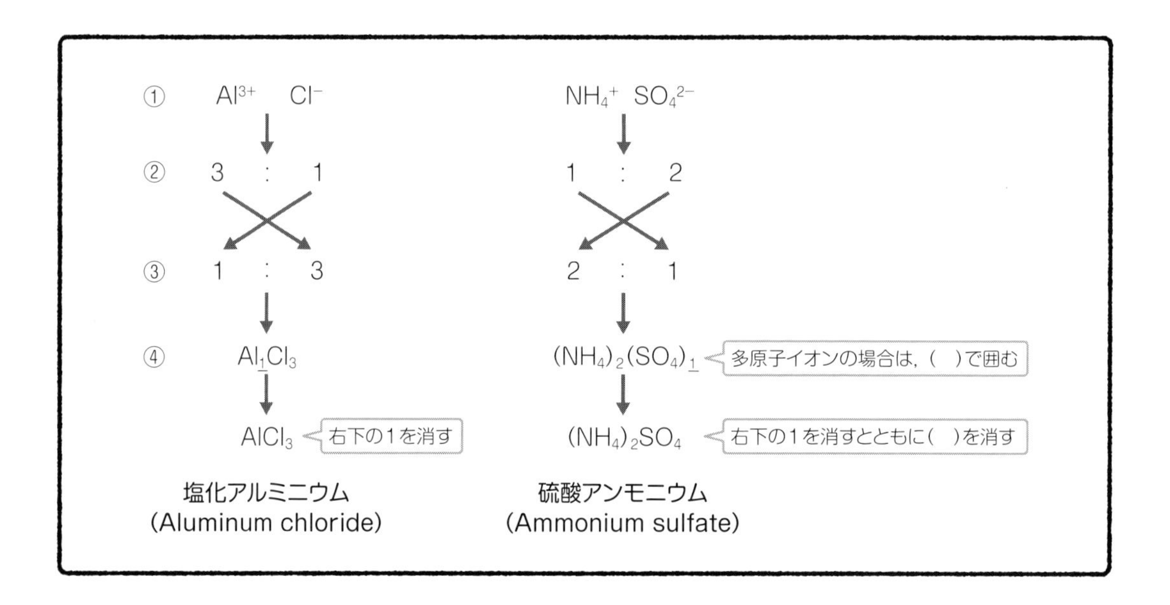

練習問題

1 次の陽イオンと陰イオンで生成される物質を化学式で書きなさい

①銀イオン Ag^{+} と塩化物イオン Cl^{-}

(　　　　　　　　　　　　)

②カルシウムイオン Ca^{2+} と塩化物イオン Cl^{-}

(　　　　　　　　　　　　)

③バリウムイオン Ba^{2+} と水酸化物イオン OH^{-}

(　　　　　　　　　　　　)

④鉄イオン Fe^{3+} と酸化物イオン O^{2-}

(　　　　　　　　　　　　)

⑤ナトリウムイオン Na^{+} と炭酸イオン CO_3^{2-}

(　　　　　　　　　　　　)

2 次の化学式で表される物質の日本語名を書きなさい

① $Fe(OH)_2$ (　　　　　　　　　　　　)

② NH_4Cl (　　　　　　　　　　　　)

③ $CuSO_4$ (　　　　　　　　　　　　)

④ Al_2O_3 (　　　　　　　　　　　　)

⑤ KCl (　　　　　　　　　　　　)

答えはこちら ⬇

17 イオン結晶

イオン結晶について理解する

❶構成粒子が規則正しく配列している固体をイオン結晶という
❷水溶液中では一般に陽イオンと陰イオンに分かれるが，このことを電離という。水などに溶けて電離する物質を電解質，そうでないものを非電解質という

イオン結合の物質は，クーロン力によって引き合って，多数の陽イオンと陰イオンが規則正しく結合して配列した結晶すなわち，**イオン結晶**となる。
イオン結晶には，塩化ナトリウム，炭酸ナトリウム，水酸化ナトリウムなどがある。
塩化ナトリウムは，ナトリウムイオンと塩化物イオンが1：1の結晶である

イオン結晶

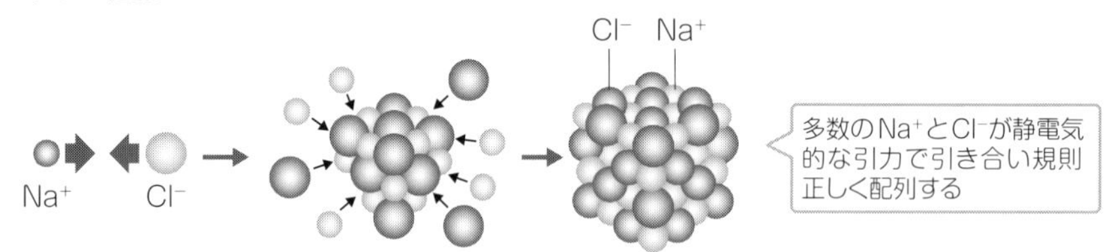

イオン結晶のもろさ

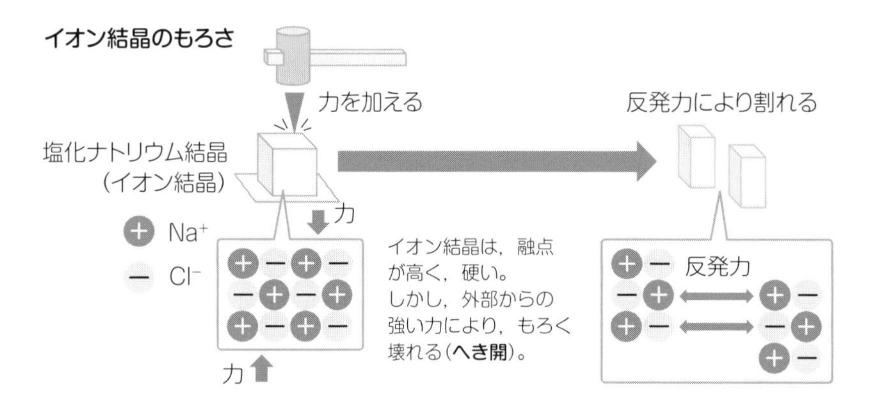

電気伝導性

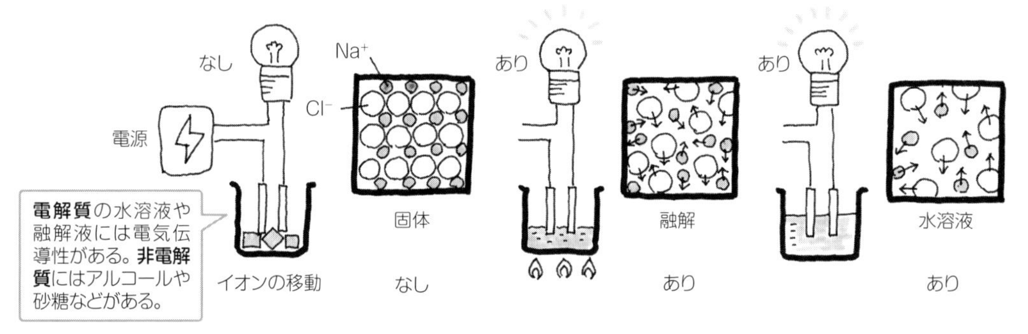

練習問題

1 次の空欄を埋めなさい

(① 　　　　)力によって引き合い多数の陽イオンと陰イオンが規則正しく並んだものを(② 　　　　　　)という。
この固体は，外部からの強い力によってもろく壊れる。このことを(③ 　　　)という。また，水に溶かした水溶液中では，(④ 　　　　)と(⑤ 　　　　)に分かれる。このことを(⑥ 　　　　)という。このような物質には(⑦ 　　　　　　　　)がある。

2 次の下線部が正しいものには○，間違っているものには×をつけ，さらに訂正しなさい

①クーロン力によって引き合っている物質はイオン結晶を形成する。
(　)(　　　　　　)

②イオン結晶を加熱して溶融しても電気を通さない。
(　)(　　　　　　)

③アルコールは電解質である。
(　)(　　　　　　)

④塩化鉄 $FeCl_3$ は鉄陽イオンと塩化物イオンが 1：2 の割合で引き合っている結晶である。
(　)(　　　　　　)

⑤塩化ナトリウム，塩化水素，水酸化ナトリウムはイオン結晶を形成する。
(　)(　　　　　　)

答えはこちら

18 共有結合

共有結合，分子式，分子の種類について理解する

❶分子とは，ひとつあるいはいくつかの原子が結びついてできた粒子のことである
❷貴ガス元素以外の非金属元素の原子同士は，価電子を互いに共有することによって，貴ガスの原子と同じ安定な電子配置をとろうとする傾向がある
❸共有した電子を介して原子同士が結合することを共有結合という
❹分子からなる物質を，分子を構成する原子の種類とその数で示した化学式を「分子式」という
❺原子の結合する個数により，「単原子分子」「二原子分子」「多原子分子」がある

共有結合

共有結合で成り立っている分子には，酸素分子，水素分子，窒素分子，二酸化炭素分子，塩化水素分子などがある。

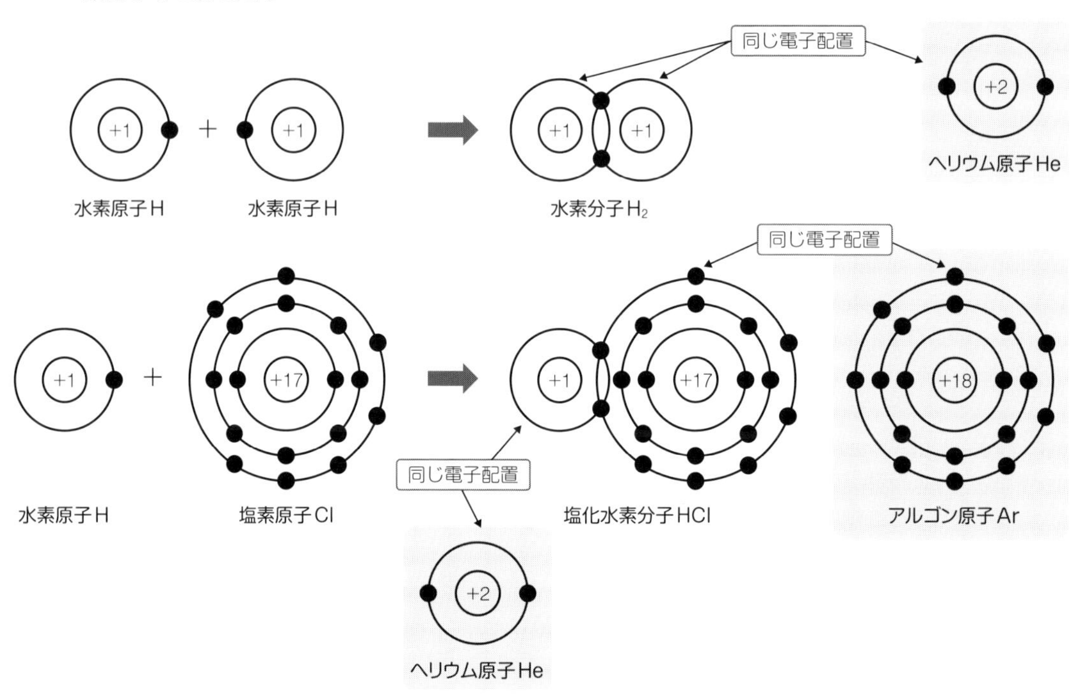

POINT

単原子分子➡ 1個の原子からなる分子。例；貴ガス（He，Ne，Ar，Kr など）
二原子分子➡ 2個の原子からなる分子。例；酸素分子（O_2），水素分子（H_2），一酸化炭素（CO）など
多原子分子➡ 3個以上の原子からなる分子。例；二酸化炭素（CO_2），アンモニア（NH_3），水（H_2O），オゾン（O_3）
※2個以上の原子は右下に数字を示す。1個の原子は1を省略する。

練習問題

1 次の空欄を埋めなさい

- 分子を分類するとき，分子を構成する原子の個数で分類することがある。例えば，1個の原子からなる分子を（①　　　　　　　　），3個以上の原子からなる分子を（②　　　　　　　　）という。
- 共有結合は，非金属元素の原子同士が（③　　　　　　　　）を互いに共有する結合のことである。

2 次の分子の分子式と電子配置を書きなさい

①フッ素分子

〈分子式〉　　　　　　　　〈電子配置〉

②フッ化水素分子

〈分子式〉　　　　　　　　〈電子配置〉

③水分子

〈分子式〉　　　　　　　　〈電子配置〉

④メタン分子

〈分子式〉　　　　　　　　〈電子配置〉

答えはこちら⬇

19 原子・分子の電子式

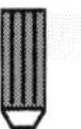

電子式について理解し，分子を電子式で書けるようにする

❶最外殻電子を「・」で表した化学式を電子式（ルイス構造式）という
❷最外殻電子の中で，対になっていない電子を不対電子という
❸共有電子対とは，共有結合をしている分子において，お互いの不対電子同士が共有結合してつくった対のことである
❹非共有電子対は，原子の中ではじめから対になっている電子対である

電子式

最外殻電子が１～４個の場合は，電子は単独で存在し，５個以上になると２個で１組（1 対）をつくるようになる。最外殻電子は最大で４対の電子対が存在する。対になっていない電子を**不対電子**と呼ぶ。また，原子の中ではじめから対になっている電子対を**非共有電子対**（孤立電子対；lone pair）と呼ぶ。
原子が共有結合をしている分子においては，お互いの不対電子同士が共有結合し，対をつくる。この電子対を**共有電子対**と呼ぶ。

電子式（ルイス構造式）の表し方

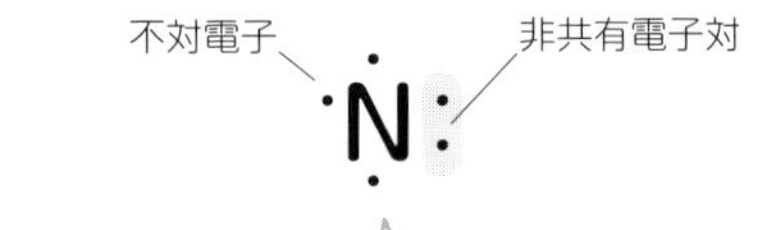

例えば…窒素原子（N）は最外殻電子を5個もつので，
①4個の電子を元素記号の上下左右に1個ずつ書く。
②残りの1個を上下左右のどこかに書いて5個にする。

共有電子対（例：アンモニア）

N + H + H + H = H:N:H（上下にH）

：共有電子対

アンモニア（NH_3）

練習問題

1 炭素原子（C）1 個と水素原子（H）4 個が共有結合したメタン分子（CH_4）の電子式を書きなさい

2 水（H_2O）の電子式を書きなさい

STEP UP

各原子の最外殻電子と不対電子

	1族	2族	13族	14族	15族	16族	17族	18族
	H·							He:
	Li·	·Be·	·B·	·C·	·N:	·O:	:F:	:Ne:
	Na·	·Mg·	·Al·	·Si·	·P:	·S:	:Cl:	:Ar:
最外殻電子	1	2	3	4	5	6	7	2か8
不対電子数	1	2	3	4	3	2	1	0

答えはこちら↓

20 構造式と分子の形

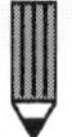

構造式を理解する

構造式を理解し，各分子の構造式が書けるようになる。また，分子の立体的構造を知る。

❶構造式とは，分子内の原子間で共有された1組の共有電子対を1本の線〔−〕で表した化学式をいう

❷1組の共有電子対を表す1本の線〔−〕を価標（線）という

❸価標の数を原子価という

❹分子には形があり，四面体構造，直線型，折れ線型などがある

構造式の表し方

構造式で表される価標〔−〕には**2個**の電子が存在する。構造式では，非共有電子対は示さない。

単結合➡HClのように1組の共有電子対で結ばれた結合。

二重結合➡CO_2（O＝C＝O）のように2組の共有電子対で結ばれた結合。

三重結合➡N_2（N≡N）のように3組の共有電子対で結ばれた結合。

	分子式	電子式	構造式
単結合	HCl	H· ·C̈l: → H:C̈l:	H−Cl
二重結合	CO_2	:Ö· ·Ċ· ·Ö: → :Ö::C::Ö:	O＝C＝O
三重結合	N_2	·N̈· ·N̈· → N⋮⋮N	N≡N

分子の形

分子内にある電子同士は，負の電荷を有しているので，できるだけ互いに離れようとする。このことからある程度の分子の形は想像できる。

メタンは4方向に共有電子対が離れようとしたとき，安定なので，**正四面体構造**を取る。二酸化炭素は，2方向に共有電子対が離れようとするので，**直線型**となる。

アンモニアは窒素に非共有電子対があり，さらに共有電子対が3組あるので，少しつぶれたような**四面体構造**をとる。

水は，2組の共有電子対と2組の非共有電子対があるため，**折れ線型**になる（**21 STEP UP** 参照）。

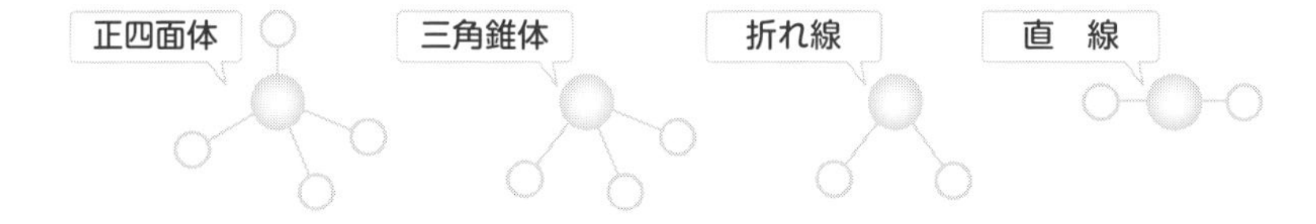

練習問題

1 次の分子を電子式（ルイス構造）および構造式で示しなさい。

	電子式	構造式
①塩素（Cl_2）		
②塩化水素（HCl）		
③アンモニア（NH_3）		
④水素（H_2）		
⑤酸素（O_2）		

答えはこちら⬇

21 配位結合

配位結合と錯イオンについて理解する

❶配位結合とは一方から非共有電子対を出し，それを両方の原子が共有し合う結合をいう
❷金属イオンと非共有電子対を有している分子との配位結合したイオンを錯イオンという
❸錯イオンにおいて，配位結合している分子や陰イオンを配位子という
❹配位子の数を配位数という
❺錯イオンの溶液は有色であるものが多い

アンモニウムイオンの構造は図のように示される。全体が陽イオンとなっており，4個の水素のうちの1個が陽イオンということではない。

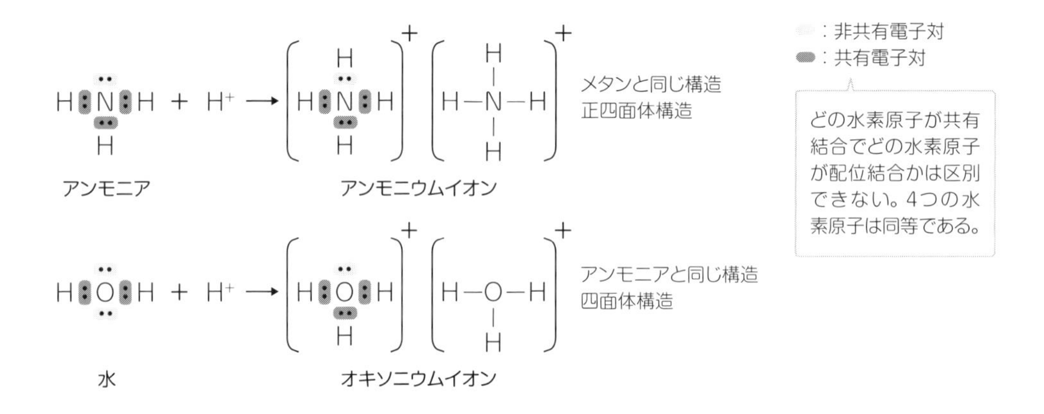

水やアンモニアは非共有電対を有しているので，金属イオンと配位結合することがある。このようなイオンを**錯イオン**という。配位結合している分子や陰イオンを**配位子**といい，配位子の数を**配位数**という。また，錯イオンの溶液は有色であるものが多い。

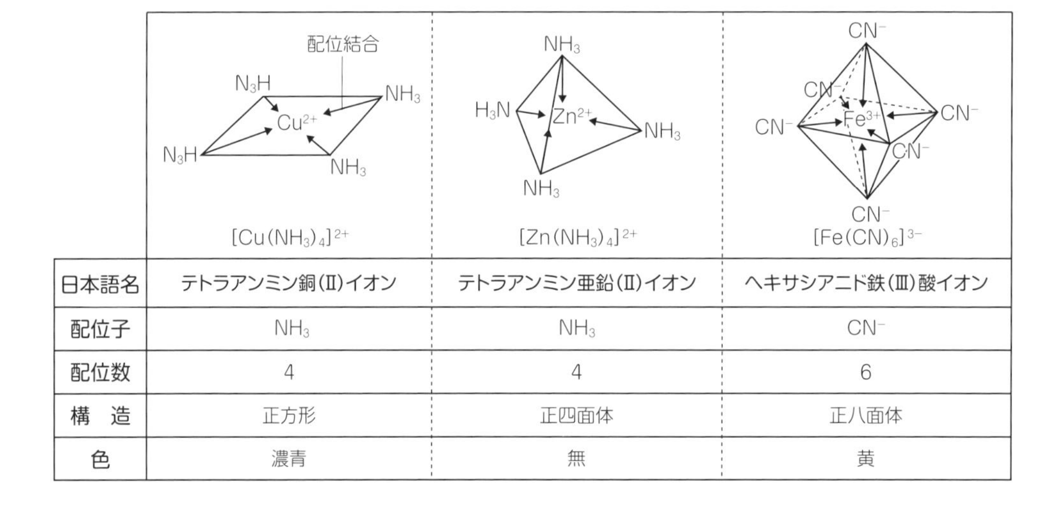

	$[Cu(NH_3)_4]^{2+}$	$[Zn(NH_3)_4]^{2+}$	$[Fe(CN)_6]^{3-}$
日本語名	テトラアンミン銅(Ⅱ)イオン	テトラアンミン亜鉛(Ⅱ)イオン	ヘキサシアニド鉄(Ⅲ)酸イオン
配位子	NH_3	NH_3	CN^-
配位数	4	4	6
構　造	正方形	正四面体	正八面体
色	濃青	無	黄

練習問題

1 次の空欄を埋めなさい

- アンモニウムイオンは（① 　　　）という分子式で表され，アンモニアにH^+が（② 　　　）結合した構造である。このイオンにはN-Hの結合が（③ 　　）組存在している。これらが（④ 　　　）結合しているが，残りのN-Hの（⑤ 　　　）結合とは見分けがつかない。すなわち，すべてのN-H結合が同等である。
- アンモニウムイオンの構造は（⑥ 　　　　　）と書く。
- 水やアンモニアは非共有電子対を有しているので，金属イオンと（⑦ 　　　）結合することがある。このようなイオンを（⑧ 　　　）といい，有色を呈するものが多い。これには様々な構造が存在する。
- 銅イオンとアンモニアとのものは（⑨ 　　　）の形をとり，配位数は（⑩ 　　），配位子は（⑪ 　　　）となる。化学式は（⑫ 　　　），日本語名は（⑬ 　　　　　）である。これは（⑭ 　　　）色である。
- シアンイオン（CN^-）と鉄（Ⅲ）イオンとのものは，（⑮ 　　　）の形をとり，配位数は（⑯ 　　　），配位子は（⑰ 　　　）となる。化学式は（⑱ 　　　　），日本語名は（⑲ 　　　　　）である。これは（⑳ 　　　）色である。

STEP UP

水分子について

水分子は右図のように折れ線型である。その理由を考えてみよう。水分子の酸素原子の価電子6個のうち，4個は非共有電子対，2個は水素原子の電子と2組の共有電子対となっている。メタンCH_4では，価電子4個が4組の共有電子対となっており，そのため，正四面体構造となり，H-C-Hの角度は109.5°である。しかし，水は前述のとおり，2組は非共有電子対，2組が共有電子対であり，非共有電子対が共有電子対を押しのけるため，H-O-Hの角度は狭まって104.5°となる。

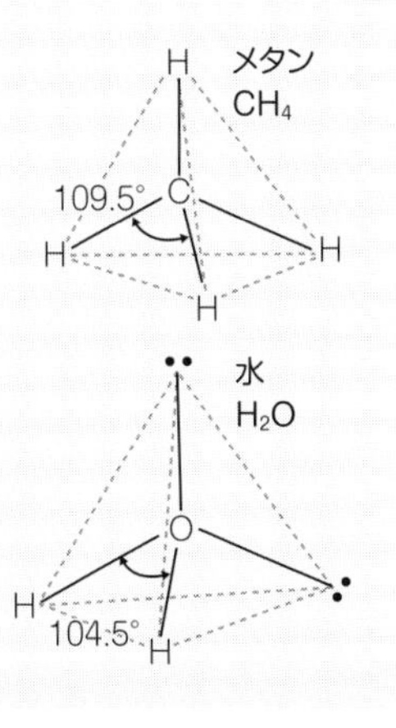

答えはこちら

22 極性と電気陰性度

極性と電気陰性度の関係について理解する

❶共有電子対がどちらか一方の原子により引っ張られ，電子が偏った状態を「結合に極性がある」という

❷各原子の電子を引っ張る力には強弱がある。その強さを判断する数値として，電気陰性度がある

極性と電気陰性度の関係

共有結合でできた分子では，互いの共有電子対を原子核内の陽子によって引っ張り合っている。同じ種類の原子が共有結合した分子では，共有電子対を引く力は同じだが，異なった種類の原子（塩化水素；HCl など）で共有結合した分子は，引っ張る力が異なり偏りが生じる。この状態を「結合に**極性**がある」という。

電気陰性度➡極性ができるか否かを判断する数値。電気陰性度が大きい原子は，電子を引っ張る力が強い（周期表参照）。

極性分子➡結合に極性があり，分子全体でも極性がある分子。極性分子同士は，わずかに正と負の電荷を帯びた部分が引き合うため，混ざりやすい。

例；水，塩化水素，アンモニアなど

無極性分子➡①結合に極性がないため，分子全体にも極性がない分子。

②結合に極性があっても分子全体で極性がない分子。例；二酸化炭素，メタンなど

分子の極性

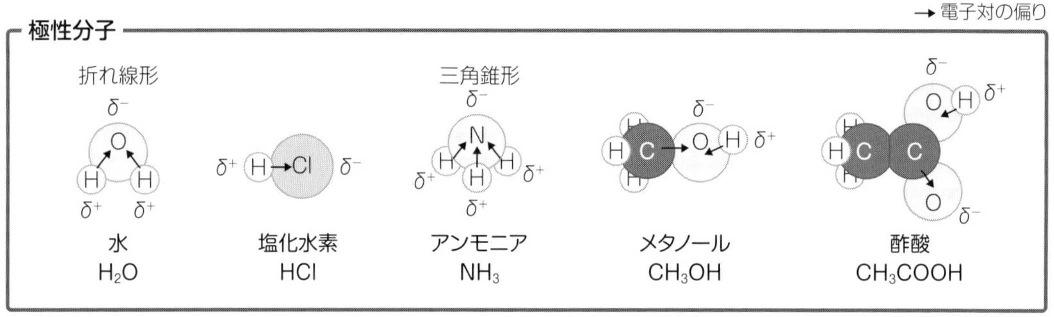

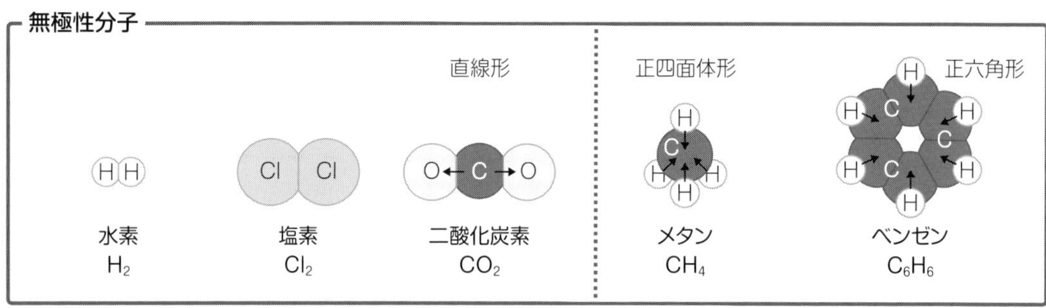

練習問題

1 次の空欄を埋めなさい

- 共有結合でできた分子では，共有電子対の電子がどちらかの原子に偏って引かれることがある。このような状態を「結合に（① ）がある」という。
- どのくらい電子を引き寄せるかを数値化したものとして（② ）がある。この数値が（③ ）ほど電子を引き寄せる力が大きいことを表す。
- 結合に（④ ）があっても，分子全体としてこれがないこともある。例えば，水や塩化水素は（⑤ ）があるが，水素，塩素，二酸化炭素，メタンにはない。特に（⑥ ）と（⑦ ）は，結合には（⑧ ）があっても分子全体ではない。
- 極性分子同士において，わずかに正の電荷を帯びた部分と，わずかに負の電荷を帯びた部分が引き合うことで，極性分子同士は（⑨ ）。
- 水は極性分子なので，極性分子は水に（⑩ ）。

2 次の分子で，水に溶けるものには○，溶けないものには×をつけなさい

①塩化水素（HCl）（ ）
②アンモニア（NH_3）（ ）
③メタン（CH_4）（ ）
④メタノール（CH_3OH）（ ）
⑤ベンゼン（C_6H_6）（ ）

STEP UP

電気陰性度

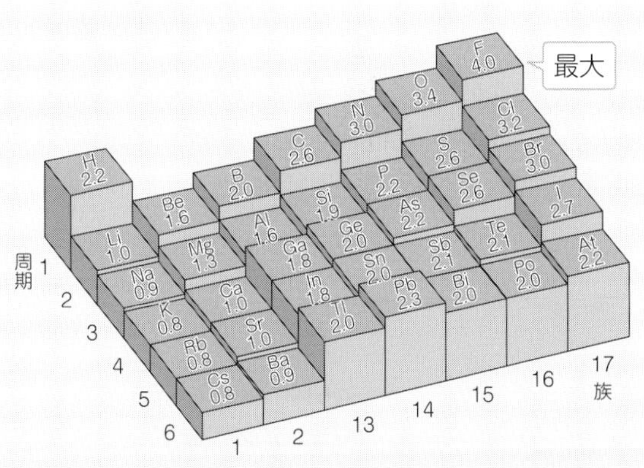

典型元素では，周期表の右へ行くほど電気陰性度が大きくなる。
電気陰性度 (大) → 陰性 (大)
(小) → 陽性 (大)

答えはこちら ⬇

23　分子結晶・ファンデルワールス力

分子間力・ファンデルワールス力・分子結晶について理解する

❶分子の質量が大きいほど分子間力は強くなる
❷分子間力には，ファンデルワールス力と水素結合（㉔参照）がある
❸分子同士が分子間力で引き合い，分子が規則正しく配列した結晶を分子結晶という
❹分子結晶は一般に融点が低く，やわらかい
❺分子結晶は昇華しやすいものが多い
❻水素結合以外の分子間力をファンデルワールス力という（㉔参照）

 分子間力

分子間に働く力を分子間力いう。分子間力は共有結合やイオン結合に比べると非常に弱い

分子間力には，**水素結合**と**ファンデルワールス力**がある。また，ファンデルワールス力には，すべての分子間に作用する引力（分散力）と極性分子間に作用する静電気的な引力の２つがある。

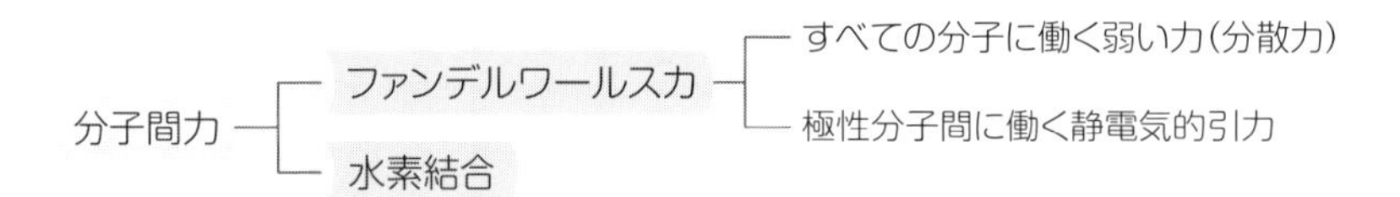

ファンデルワールス力 < 水素結合

 分子結晶

分子結晶は結合力が弱いため，加熱すると分子の熱運動が活発になり昇華する。

例；二酸化炭素，ヨウ素，ナフタレン

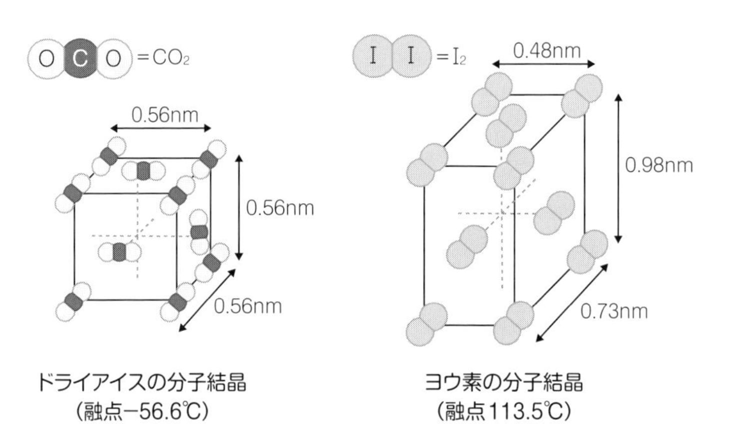

ドライアイスの分子結晶
（融点−56.6℃）

ヨウ素の分子結晶
（融点113.5℃）

練習問題

1 次の空欄を埋めなさい

- 分子と分子の間には様々な力が働くことを（①　　　　　　）という。この力を2つに分けると（②　　　　　　）と（③　　　　　　）がある。前者は後者よりも強い結合である。後者には（④　　　　　　）と極性分子間に働く静電気的引力がある。

- 分子同士が分子間で引き合い，分子が規則正しく配列した結晶を（⑤　　　　　　）という。この結晶は，一般に融点が（⑥　　　　　　）く，やわらかい。また，（⑦　　　　　　）しやすいものが多い。例えば，（⑧　　　　　　）や（⑨　　　　　　）がある。

2 次の下線部で，正しいものには○，間違っているものには×をつけ，さらに訂正しなさい

①分子間力はイオン結合力や共有結合力よりも強い。
（　　）（　　　　　　　　）

②無極性分子より，極性分子の方が分子間力は大きい。
（　　）（　　　　　　　　）

③分子の質量が小さくなるほど分子間力は強くなる。
（　　）（　　　　　　　　）

④分子間力は，イオン結合と共有結合に分けることができる。
（　　）（　　　　　　　　）

⑤ヨウ素，ドライアイス，塩化ナトリウムの結晶は分子結晶である。
（　　）（　　　　　　　　）

答えはこちら

24 水素結合

水素結合とファンデルワールス力との違いを理解する

❶水素結合とは，電気陰性度が特に大きい F，O，N 原子間に，H 原子が仲立ちする形で生じる結合をいう

❷共有結合，イオン結合より非常に弱い結合

水素結合

水素結合は図の点線で表されている部分の結合である。図以外にも DNA の二重らせんなどがある。図に示されているように，フッ化水素（HF）ではフッ素（F）が若干負電荷をもつので「δ－（デルタマイナス）」，水素原子（H）が若干正電荷をもつので「δ＋（デルタプラス）」と書かれている。水においては，酸素原子がδ－，水素原子がδ＋となる。

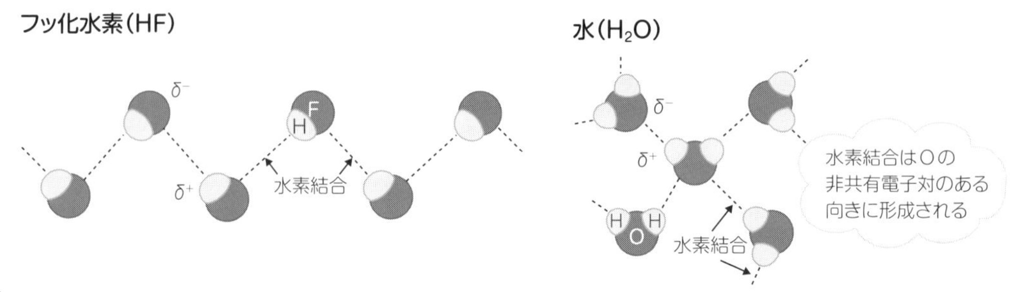

分子間力と沸点

液体が気体になるためには，隣接する分子と分子の間に働く分子間力よりも大きい熱エネルギーなどの力によって断ち切らなければならない。

分子間力は，ファンデルワールス力（分子の質量が大きいほど大きくなる・極性があり静電気的な引力）と水素結合である。

右図は水素化合物と沸点の関係を表したものである。15，16，17 族の水素化合物 NH_3，H_2O，HF の沸点が他の同族の水素化合物よりも沸点が高い。その理由は，分子間力の中でもっとも強い水素結合が働いているからである。

分子量がほぼ同じ 14，15，16，17 族の水素化合物の中で 14 族の CH_4 が極端に沸点が低いのは，無極性分子であるため，分子間に働く静電気的引力が小さいからである。

各族において，分子量が大きくなるほど沸点が高くなるのは，分散力が大きくなるからである。

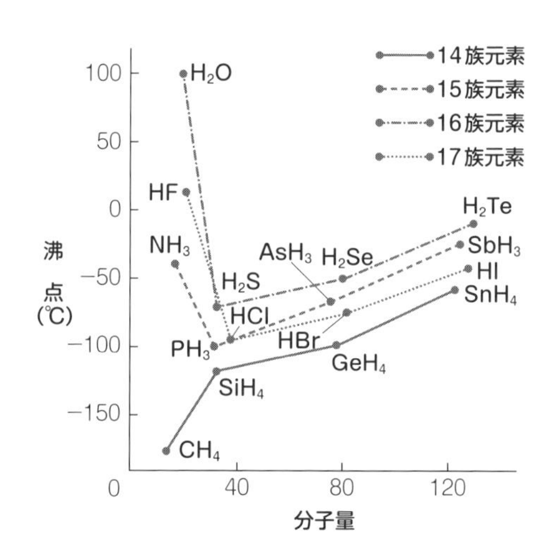

練習問題

1 次の空欄を埋めなさい

分子量が大きくなるほど，ファンデルワールス力は（① 　　　　　）。よって，無極性分子である CH_4, SiH_4, GeH_4, SnH_4 でもっとも沸点が高いのは，（② 　　　　　）である。一方，極性分子はファンデルワールス力も働くが，さらに（③ 　　　　　）が働くため，同じ程度の分子量の無極性分子と比べて，沸点は（④ 　　　　　）。

2 次の図において，どこに水素結合が働いているか点線で図示しなさい

①

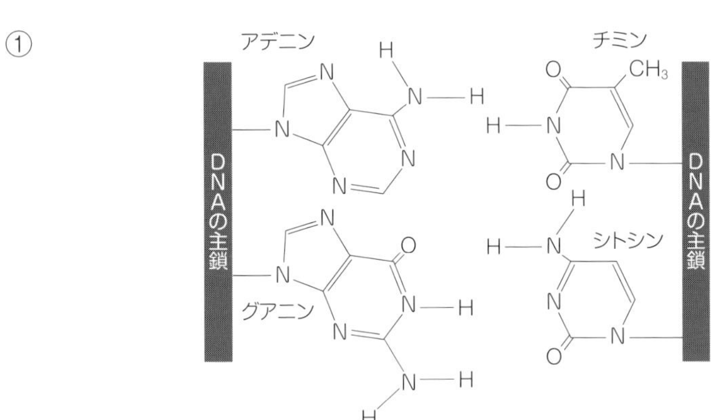

②

δ^+ δ^- δ^+ δ^- δ^- δ^+

酢酸
CH_3COOH

酢酸の二量体（会合体）
CH_3COOH
2分子が結びついたもの

STEP UP

氷

氷の結晶は，水素結合が働き，液体より隙間の多い立体構造をとる。そのため，水が凝固して氷になると体積が増え，密度が減少する。融解すると，立体構造が壊れ，隙間が少なくなるため，体積が減り，密度が高くなる。

δ^+ H O δ^- H δ^+
104.5°
水　H_2O

氷の結晶構造

答えはこちら

25 共有結合の結晶

共有結合の結晶について理解する

❶多数の非金属元素の原子が次々と共有結合で結合した結晶を共有結合結晶という

❷共有結合の結晶は，融点が極めて高く，非常に硬いものが多い。また，水に溶けにくく，電気を通さないものが多い

共有結合結晶

この結晶には，炭素，ケイ素，二酸化ケイ素によるものがある。

〈炭素の共有結合結晶〉

ダイヤモンド➡各炭素原子は 4 個の価電子で隣り合う炭素原子と共有結合で強く結びついている。

黒鉛➡各炭素原子は隣り合う 3 個の炭素原子と共有結合して，正六角形の構造が層状に繰り返された平面構造を取っている。層間は弱い分子間力で積み重なっているため，平面方向に沿ってはがれやすく，やわらかい。これを利用したものが鉛筆やシャープペンシルの芯である。また，炭素原子 1 個当たり 1 個の電子が平面内で自由に移動できるため電気伝導性がある。

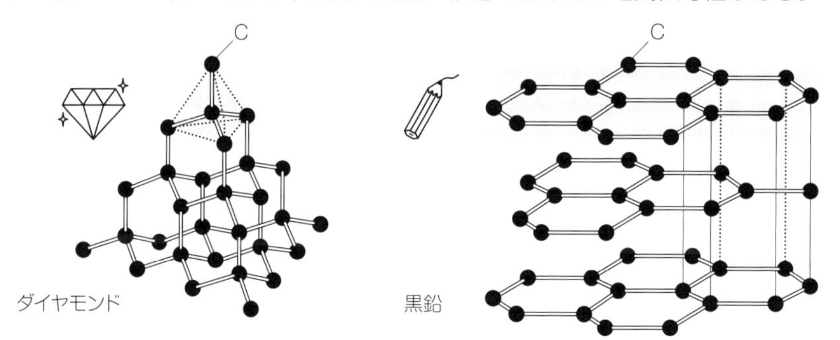

〈ケイ素〉

ダイヤモンドと同様に各ケイ素原子は 4 個の価電子で隣り合うケイ素が共有結合している。

二酸化ケイ素➡1 個のケイ素が 4 個の酸素原子と共有結合し，四面体構造をとっている。水晶，石英などとして天然に多く存在する。

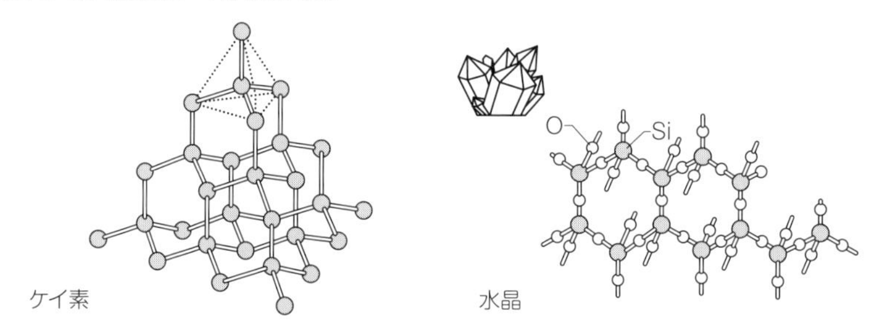

練習問題

1 次の空欄を埋め，融点は適切なものに○をつけなさい

- 多数の非金属元素の原子が次々と共有結合で結合した結晶を（① 　　　　）結晶という。
- この結晶は，融点がきわめて（② 　　）く，非常に（③ 　　　）ものが多い。例えば，ダイヤモンドは融点が（1,550℃，2,550℃，3,550℃），光の屈折率が（④ 　　）い。ガラスと比べてダイヤモンドの方が（⑤ 　　　）。

2 次の文章に当てはまる物質は何か，答えなさい。

① 4つの原子が共有結合して正四面体系になり，結晶となっている。非常に硬く，電気を通さない。

（　　　　　　　　）

②隣接する原子が共有結合して正六角形となり，それが平面網目上構造をつくり，何層にも重なった構造。それぞれの層の間には弱い分子間力しか働かないため，平面方向にはがれやすく，鉛筆の芯などに使用される。

（　　　　　　　　）

③ガラス，石英などの成分となり，光ファイバーやシリカゲルに利用される。

（　　　　　　　　）

④ ①と同じ構造の共有結合結晶で，半導体の性質を示す。

（　　　　　　　　）

答えはこちら⬇

26 原子の質量と相対質量

原子の質量と相対質量の考え方と方法を理解する

ある物体に含まれる物質の量のことを質量という。原子のようにきわめて小さく，個々では扱うことができない場合の考え方と方法として相対質量がある。

❶原子１個の質量はきわめて小さい
❷基準となる原子と相対質量の関係
❸相対質量の求め方

原子の質量と相対質量の考え方

原子１個の重さ（質量）は，原子を構成している原子核の中にある**陽子と中性子の数**によって決まる。原子の重さは，^{1}H では 1.674×10^{-24}g，^{12}C では 1.993×10^{-23}g である。このように１個の原子では重さが**きわめて小さく**，扱うことができない。そのため，原子の質量を扱いやすくするために，相対的な質量（**相対質量**）として扱う。

例えば，水素原子（^{1}H）１個の重さは 1.674×10^{-24}g とある。現実に扱う g とは 24 乗も桁が違うため，相対質量を求めて扱いやすい値にする。

相対質量の基準と求め方

化学で用いる相対質量は，**炭素原子１個の重さを基準**にしている。

炭素原子 ^{12}C １個（1.993×10^{-23}g）はきわめて小さい。これを「**12（無名数）**」と決めて，この値を基準にほかの原子もすべて相対質量として表している。

例；水素（^{1}H）の相対質量を求める。

^{1}H １個の重さ＝ 1.674×10^{-24}g

^{12}C １個の重さ＝ 1.993×10^{-23}g ＝ 12（基準）

比例計算をして水素の相対質量を求める。

$$C : H = C : H$$

$$(1.993 \times 10^{-23}g) : (1.674 \times 10^{-24}g) = 12 : \chi$$

$$(1.993 \times 10^{-23}g) \times \chi = (1.674 \times 10^{-24}g) \times 12$$

$$\chi = (1.674 \times 10^{-24}g) \times 12/(1.993 \times 10^{-23}g)$$

$$= 1.0078$$

※水素の相対質量は 1.0078 となるため，水素は 1.0 として扱っている。

POINT

相対質量は，元素の同位体ごとに定められた値である。

練習問題

1 次の空欄を埋めなさい

化学で用いる相対質量は，（① ）原子を基準にして表すもので，ほかの元素もこの（② ）の比を用いて表す。

2 炭素 ^{12}C が 1 個 $(1.99 \times 10^{-23}g)$ の質量を相対的に 12 として，^{16}O が 1 個 $(2.66 \times 10^{-23}g)$ の相対質量を求めなさい

相対質量 __________

3 炭素 ^{12}C が 1 個 $(1.99 \times 10^{-23}g)$ の質量を相対的に 12 として，^{23}Na が 1 個 $(3.82 \times 10^{-23}g)$ の相対質量を求めなさい

相対質量 __________

STEP UP

相対質量とはどういうことか

例；体重 50kg の男子学生と体重 150kg のお相撲さんで比較する。男子学生の体重を基準に 12 と定めるとすると，お相撲さんの体重の相対質量はいくらになるか。

$50kg : 150kg = 12 : \chi$

$\chi = 36$　　相対質量は 36 となる

男子学生50kg
12と定める

お相撲さん150kg
相対質量は36となる

27 元素の原子量

元素の原子量とは何かを理解する

原子量の値は同位体の存在比を考慮に入れた平均値としている。

原子量の値

自然界にはたくさんの元素が存在する。元素名が同じで原子の重さが違う元素(同位体)の混合物として存在している。天然の同位体の割合(存在比)は，地球上どこでもほぼ一定であると考えられる。そこで，元素ごとの同位体の相対質量と同位体の存在比を考慮して，その元素の相対質量の平均値を求め原子量として定めている。

原子量の求め方

同位体の原子の質量，相対質量，存在比と原子量の関係

元素名	同位体	原子１個の質量(g)	相対質量	存在比(%)	原子量
水素	^{1}H	1.6735×10^{-24}	1.0078	99.9885	1.008 (1.0)
	^{2}H	3.3445×10^{-24}	2.0141	0.0115	
炭素	^{12}C	1.9926×10^{-23}	12 (基準)	98.93	12.01 (12)
	^{13}C	2.1593×10^{-23}	13.003	1.07	
酸素	^{16}O	2.6560×10^{-23}	15.995	99.757	16.00 (16)
	^{17}O	2.8228×10^{-23}	16.999	0.038	
	^{18}O	2.9888×10^{-23}	17.999	0.205	
塩素	^{35}Cl	5.8067×10^{-23}	34.969	75.76	35.45 (35.5)
	^{37}Cl	6.1383×10^{-23}	36.966	24.24	

例えば，天然の塩素(Cl)は原子番号17番で2つの同位体(微量なものは除いて)が存在する。存在比(割合)は合計すると100%のため，加重平均すると次のようになる。

「$34.969 \times 0.7576 + 36.966 \times 0.2424 = 35.45307 \fallingdotseq 35.5$」Clの原子量は35.5を用いる。

このように相対質量と存在比を考慮して平均値を求めて，その元素の原子量としている。

元素の「原子量」は，元素を構成する同位体の相対質量にその存在比を考慮して求めた平均値。

練習問題

1 次の原子量を求めなさい

①窒素 (N) は，相対質量が 14.0031 と 15.0001 の同位体の混合物で存在している。窒素の原子量を求めなさい。

なお，存在比は，^{14}N 14.0031 ……… 99.636%
^{15}N 15.0001 ……… 0.364%

原子量 ＿＿＿＿＿＿＿＿

②リチウム (Li) は，相対質量が 6.0151 と 7.0160 の同位体の混合物で存在している。リチウムの原子量を求めなさい。

なお，存在比は，^{6}Li 6.0151 ……… 7.59%
^{7}Li 7.0160 ……… 92.41%

原子量 ＿＿＿＿＿＿＿＿

STEP UP

各元素を同位体として表すときは，元素名の左上に質量数を書く，しかし周期表では各元素は図のように表記されているので注意する。

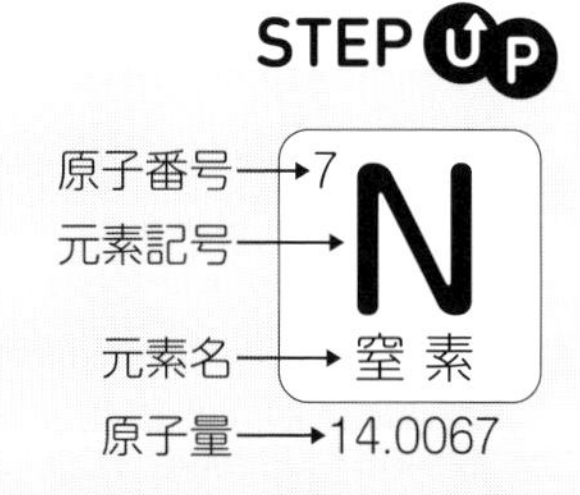

答えはこちら

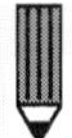28 分子量と式量

分子量と式量の意味と違いを理解する

分子量と式量は同じように使われているが，その意味は異なる。
❶物質を構成している最小単位を「分子」といい，分子の相対的な質量を「分子量」という
❷分子が定義できない化合物を式量という

分子量

分子は原子が共有結合で組み合わさったものである。

例；窒素 N_2，二酸化炭素 CO_2，塩化水素 HCl，硫酸 H_2SO_4，グルコース $C_6H_{12}O_6$

分子量はその**分子を組み立てている原子**の原子量の総和である（単位はなし）。

例；水（H_2O）の分子量は次のように求められる。

（原子量：H = 1.0，O = 16）

H_2O = H × 2 + O × 1
= 1.0 × 2 + 16 × 1
= 18

…よって，H_2O の分子量は「18」となる

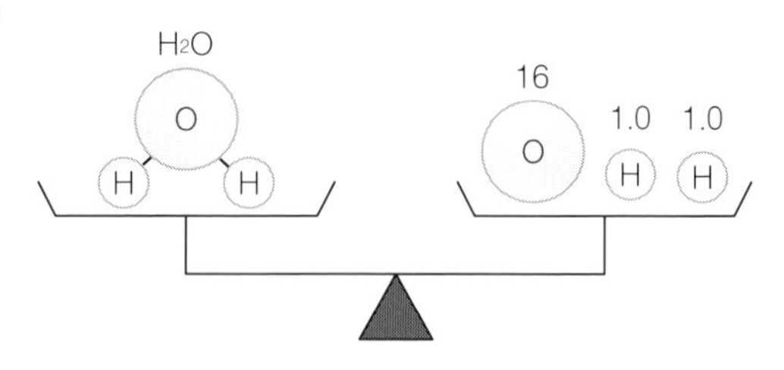

式量

分子が定義できない物質（例；イオン結晶のような化合物，イオンからなる物質や金属など）の場合は，原子量の総和を式量という（単位はなし）。

例；硫化物イオン S^{2-}，アンモニウムイオン NH^{4+}，塩化ナトリウム NaCl など

NaCl はイオン結晶であるので分子が存在しない。Na^+ と Cl^- が同数存在しているので，下記のように式量を求める。

NaCl の式量　（原子量：Na = 23，Cl = 35.5）

NaCl の式量 = Na × 1 + Cl × 1
= 23 × 1 + 35.5 × 1
= 58.5

…よって，NaCl の式量は「58.5」となる

※ SO_4^{2-} のようなイオンの式量は，元素の相対質量の総和で計算し，電子の重さはきわめて小さいので無視する。

POINT

- 分子量は，分子を構成する元素の原子量の総和
- 式量は，イオン式や組成式に含まれる原子の原子量の総和

練習問題

1 次の物質の分子量を求めなさい

二酸化炭素（CO_2）
（原子量：C = 12，O = 16）

分子量 ＿＿＿＿＿＿

2 次の物質の式量を求めなさい

硫酸イオン（SO_4^{2-}）
（原子量：S = 32，O = 16）

式量 ＿＿＿＿＿＿

STEP UP

覚えておくと便利な分子量，式量

H_2SO_4 : 98，HNO_3 : 63，HCl : 36.5，NaOH : 40，NaCl : 58.5，KCl : 74.5

答えはこちら⬇

29 密　度

密度とその関係について理解する

同じ大きさの物でも重さが違うものは世の中にたくさんある

❶ 物質がどれくらい単位体積あたり詰まっているかを示すものに密度がある

❷ 密度の単位は，ある物質の単位体積あたりの重さなので「g/cm³」と表す

❸ 密度の単位は g/cm³ であるが，比重は水の密度（1g/cm³）との比なので単位がない

 密度とは

密度➡同じ体積のものを比べたときに，物質によって重さが違うものがある。一定の体積（cm^3）当たりの質量（g）で密度を表す。身近の物では，水 1mL ＝ 1cm^3 ＝ 1g（4℃）で 1g/cm^3 が水の密度である。ちなみに水銀は 13.6 g/cm^3 である。

身近なものの密度

物　質	密度（g/cm^3）
水（4℃）	1.00
水銀	13.6
濃硫酸（98%）	1.84
濃塩酸（37%）	1.18
濃硝酸（69%）	1.42

密度 ＝ 物体の質量 / 物体の体積（g/cm^3）

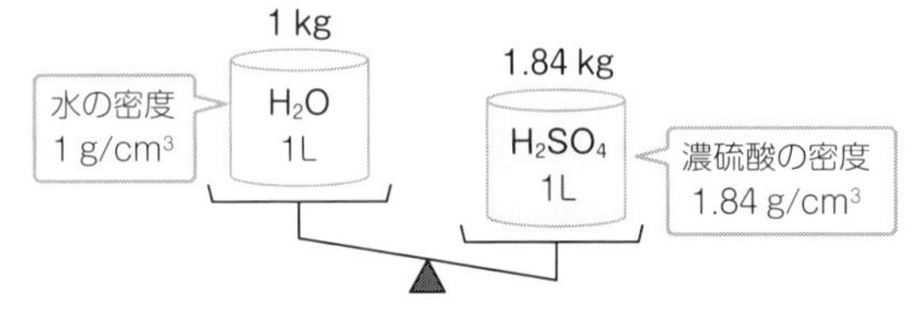

比重➡密度と同じようなものに比重がある。これは，水の密度を 1.000 としたときの相対値として表している（単位はない）。

溶液の密度と濃度の関係➡例；試薬が液体である物質のモル濃度を調べる。

硝酸 HNO_3 は，分子量 63，濃度は濃硝酸 69% の液体で，密度は 1.42 g/cm^3 である。

① 濃硝酸 1L の液体の重量（g）を求める（1L=1,000mL）

1,000mL × 1.42（密度）＝ 1,420 g（液体重量）

② 濃硝酸に含まれている硝酸と水の重量（g）を求める

〔硝酸〕1,420 g（液体重量）× 0.69（69% 濃度）＝ 980 g（硝酸重量）　〔水〕1,420 g − 980 g ＝ 440 g

③ モル濃度を求める（モル濃度については 32 を参照）

1L 中 63 g の硝酸が入っていると，1 mol/L となる

63 g : 980 g ＝ 1 : x

1L 中 980 g の硝酸が入っている

x ＝ 980/63
＝ 15.5 ≒ 16 ➡ この濃硝酸のモル濃度は，16 mol/L となる

POINT

密度は，体積と重さとの関係を表すもので，単位体積あたりの質量で表す。

練習問題

1 次の問いについて解答しなさい

①水銀の密度を 13.6 g/cm^3 として 10 cm^3 の水銀と同じ重さの水は何 cm^3 になるか求めなさい。（水の密度：1g/cm^3）

＿＿＿＿＿＿＿＿ cm^3

② 100 cm^3 の純金の重さはいくらか求めなさい。（純金の密度：19.3 g/cm^3）

＿＿＿＿＿＿＿＿ g

③市販の醤油の密度は，約 1.2 g/cm^3 である。1.8 L ペットボトル入りの醤油の重量は何 g になるか求めなさい。

＿＿＿＿＿＿＿＿ g

④エタノールの密度を 0.79 g/cm^3 として，500 cm^3 のエタノールは何 g になるか求めなさい。

＿＿＿＿＿＿＿＿ g

⑤濃硫酸のモル濃度を求めよ。
（濃硫酸の分子量は 98，密度は 1.84 g/cm^3，質量パーセント濃度は 98% とする）

＿＿＿＿＿＿＿＿ mol

微量成分の濃度を表す単位

	ppm (parts per million)	ppb (parts per billion)
液体の場合	1ppm = 1mg/L	1ppb = 1μg/L
固体の中の場合	1ppm = 1mg/kg	1ppb = 1μg/kg

答えはこちら⬇

30 物質量とアボガドロ定数

物質量とアボガドロ定数について理解する

化学で扱う物質量(mol)と粒子の個数(アボガドロ定数)との関係

❶物質量(mol)は 6.02×10^{23} の粒子の集まりのことである

❷アボガドロ定数は 6.02×10^{23} 個 /mol である

物質量とアボガドロ定数

物質量(mol)➡アボガドロ数 6.02×10^{23} の粒子の集まりを1つの単位(mol)として表した物質の量のことを**物質量(mol)**という。例えば，質量数12の炭素原子 ^{12}C を1mol分の炭素を集めると12gになる。

アボガドロ定数➡物質1mol当たりの粒子の数 6.02×10^{23}/mol を**アボガドロ定数**という。相対質量にgの単位を付けた質量の粒子の集まりには，6.02×10^{23} 個の粒子が存在する。この数を**アボガドロ数**という。

POINT

アボガドロ数　→ 6.02×10^{23}

アボガドロ定数 → 6.02×10^{23}/mol

$$物質量(mol) = \frac{粒子の数}{アボガドロ定数}$$

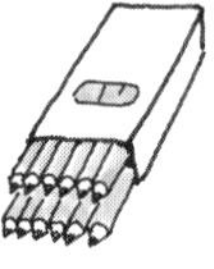

鉛筆では…
12本 = 1ダース

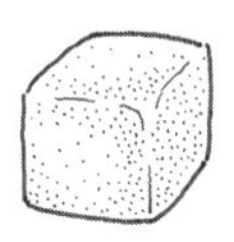

化学ではmolを1つの単位として表す
$6.02 \times 10^{23} = 1\,mol$

アボガドロ数をイメージしてみる。
$6.02 \times 10^{23} = 602,000,000,000,000,000,000,000$
この数字は，一説にはサハラ砂漠の砂の数?

非常に大きな数字でイメージしづらい・・・

そこで，我々が食べるご飯茶碗の米粒で考えてみる。
ご飯茶碗1杯の米粒は，4,300粒と仮定する。
毎日1人がご飯茶碗1杯を朝・昼・夕食の3食食べると
1日12,900粒食べたことになる。日本の人口約1億人が
同じように食べたとすると，1日当たり1,290,000,000,000粒で，
1年間だと 4.708×10^{14} 粒になる。
では，6.02×10^{23} 粒食べるには，
$6.02 \times 10^{23} \div 4.708 \times 10^{14} = 1.278 \times 10^{9}$ (年)
つまり，12.78億年かかる計算になる。

4,300粒 / 茶碗1杯

人口1億人
4.708×10^{14} 粒 / 年

例；水分子が 1.204×10^{24} 個集まった物質量は何モルか。

※アボガドロ定数は 6.02×10^{23}/mol として計算する。

$1.204 \times 10^{24} \div 6.02 \times 10^{23} = 2$ 　　→ 物質量は2 molである。

練習問題

1 次の問題に解答しなさい

①酸素分子が 1.204×10^{24} 個集まった物質量は何モルになるか求めなさい。
（アボガドロ定数：6.02×10^{23}/mol）

＿＿＿＿＿＿ mol

②水分子 4mol には何個の水分子が含まれているか求めなさい。
（アボガドロ定数：6.02×10^{23}/mol）

＿＿＿＿＿＿ 個

③塩化水素（HCl）10g 中には何個の HCl 分子が含まれているか求めなさい。
（原子量：H = 1.0，Cl = 35.5）

＿＿＿＿＿＿ 個

STEP UP

アボガドロ数の大きさ

6.02×10^{23} = 6020|0000|0000|0000|0000|0000

垓（ガイ） 京（ケイ） 兆（チョウ） 億（オク） 万（マン）

答えはこちら ⬇

31 物質量と質量の関係（モル質量）

モル質量を理解する

物質量（mol）と質量（g）との関係をモル質量という。

❶ 物質量とは，物質が 6.02×10^{23} 個の集団を 1mol として考える量である

❷ モル質量とは物質 1mol の質量のことで，分子の場合は分子量に「g」をつけた質量である

❸ 気体の物質量は，標準状態での気体の体積（L）÷ 22.4 L/mol で求められる

物質量と質量の関係

物質量➡化学で扱う原子，分子やイオンの粒はきわめて小さな粒で我々が扱うことができない。そこでひとかたまりとして考えた方が扱いやすい。これが物質量で単位はモル（mol）である。アボカドロ数（6.02×10^{23}）の集団を「1mol」という。

質　量➡物体がもっている物質固有の量のことで，SI 単位では「kg」や「g」などが使われる。

質量数➡原子核（化学編 **7** **8** 参照）の中の陽子と中性子の個数を合わせた数。なお，電子の質量は原子核に比べて非常に小さいので無視できる。

モル質量（g/mol）➡その物質を構成する粒子 6.02×10^{23} 個集めたときの質量をいう。例えば，炭素原子 ^{12}C 1mol は 12 g である。このようにモル質量（g/mol）は，原子量・分子量・式量の数値に「g」の単位をつけたものである。

例；酸素分子 O_2 を 1mol 集めると，32 g になる。

→ O_2 のモル質量は 32 g/mol

モル質量

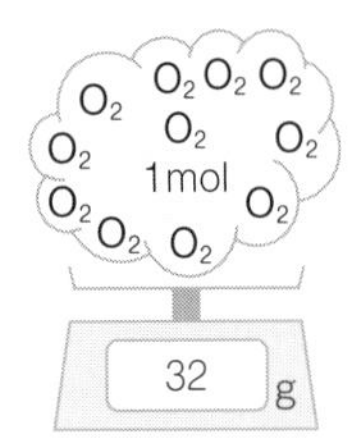

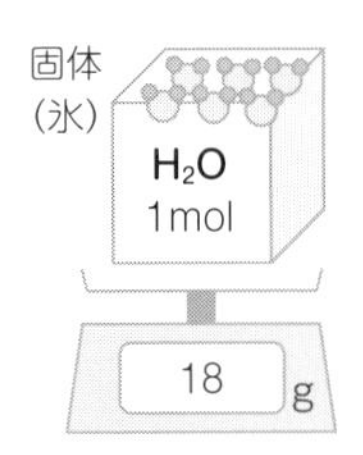

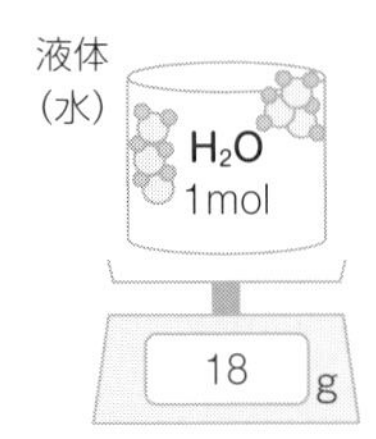

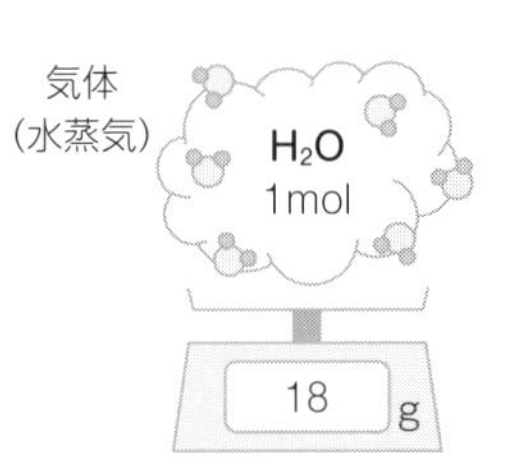

物質を固体・液体・気体など，存在する状態が異なっても，質量は同じである。

気体分子 1mol と体積の関係

気体分子 1mol の体積は，「同温・同圧で同体積の気体には，気体の種類によらず，同数の分子が含まれる」0℃，1.013×10^5 Pa では体積は 22.4 L になる（**アボガドロの法則**）。なお，0℃，1.013×10^5 Pa の状態を標準状態という。

POINT

- モル質量とは，その物質を構成する粒子 1mol つまり（6.02×10^{23}）個集めたときの質量。
- 質量数は元素の左上に書く，水素の場合は ^1H。

練習問題

1 次の空欄に適当な数字を埋めなさい

水分子のモル質量は（① 　　）g/mol，炭素原子のモル質量は（② 　　）g/mol である。

2 次の問題について解答しなさい

①水素原子 3.01×10^{23} 個の集まりは何 mol になるか求めなさい。

＿＿＿＿＿＿ mol

②気体の標準状態 0℃ 1.013×10^{5} Pa において，11.2 L の体積を占める酸素分子 O_2 の物質量は何 mol になるか求めなさい。

＿＿＿＿＿＿ mol

STEP UP

溶液の薄め方

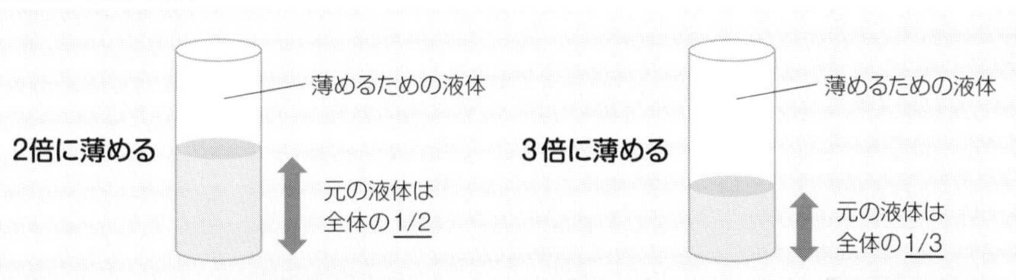

例題：12 mol/L の塩酸を薄めて，1mol/L の溶液を 1L つくりたい。塩酸を何 mL 量り取って水で薄めればよいか。

答：12 ÷ 1 = 12 ……… 12 倍に薄めればよい。
1000mL ÷ 12 = 83.33 mL
83.33 mL 塩酸を量り取り，水を入れて 1000 mL にすればよい。

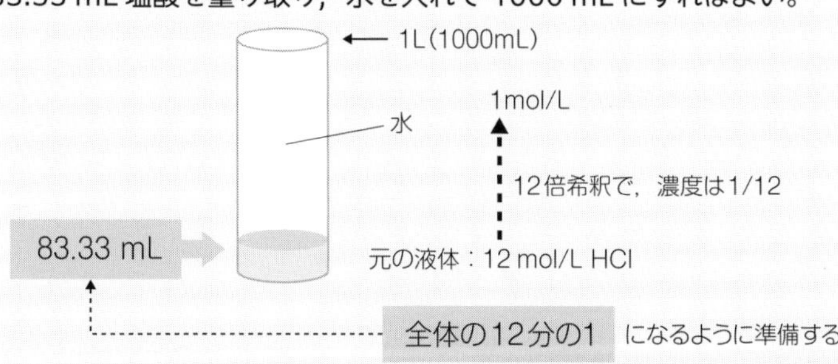

答えはこちら

32 モル濃度

モル濃度の計算の特徴を理解する

化学で溶液の濃度を表すのによく用いられるのがモル濃度 mol/L である。
❶溶液に溶けているものを溶質，溶かす液体を溶媒という
❷モル濃度とは，溶液 1L あたりの溶質の物質量(mol)である

溶質・溶媒・溶液の関係

モル濃度(mol/L) ➡溶液の中に溶質がどのくらいの割合で溶けているかを示す量を濃度という。
溶液 1L に溶けている溶質が何 mol 溶けているかを表す濃度がモル濃度(mol/L)である。つまり，溶質となるものの分子量または式量に g 単位をつけたものを 1L のメスフラスコに溶かし入れて，溶媒で 1L にすると 1mol/L の濃度の溶液ができる。

例：塩化ナトリウム(NaCl)
1mol/L 水溶液をつくるには，Na=23，Cl=35.5
原子量を合わせた式量 58.5 を用いる。
ビーカーに NaCl を 58.5 g 量り取り，溶かしてから
1L のメスフラスコに入れてメスアップする。

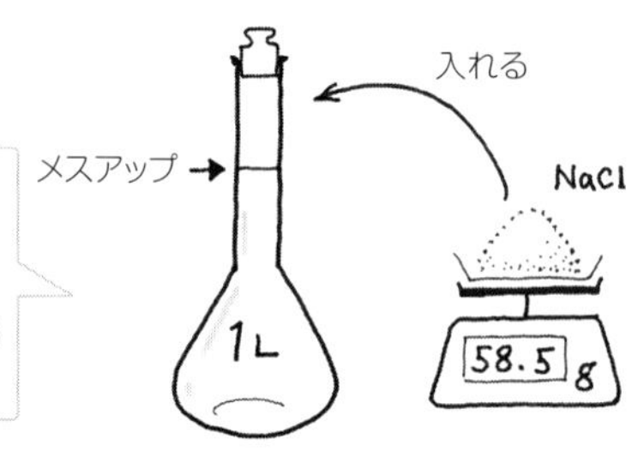

濃度計算➡実験を行ううえで重要である。
薬品 1 mg のように，ごく微量な量を電子天秤で正確に量り取るのはかなり難しい。
そのような場合…
① 薬品 100 mg を量り取り，溶解して 100 mL 容のメスフラスコにメスアップする。
② ① の溶液をホールピペットで 1mL 量り取る。
⬇
正確に 1mg 薬品が入った溶液 1mL を量り取ることができる。

分子量または式量に，g 単位をつけたものを 1L のメスフラスコに溶かし入れれば，1mol/L の溶液ができる。

練習問題

1 次の問題に解答しなさい

①塩化ナトリウム（NaCl）0.5 mol/L 水溶液 1L をつくるには，何 g の塩化ナトリウムを溶かせばよいか求めなさい。（原子量：Na = 23，Cl = 35.5）

__________ g

②水酸化ナトリウム（NaOH）40 g を水に溶かして 2L としたとき，溶液の濃度は何 mol/L になるか求めなさい。（原子量：H = 1，O = 16，Na = 23）

__________ mol/L

③塩化ナトリウム（NaCl）90 g を含む 500 mL の水溶液がある。
溶液の濃度は何 mol/L になるか求めなさい。（原子量：Na = 23 Cl = 35.5）

__________ mol/L

STEP UP

質量モル濃度（mol/kg）

溶液などの液体は，温度が変わると体積が変化し密度が変わる。温度変化を伴う実験では，温度による体積変化を受けない質量で濃度を考えた方が便利な場合がある。これが質量モル濃度（mol/kg）である。溶媒 1kg 中に何 mol の溶質が溶けているかで示す。

溶媒と溶質

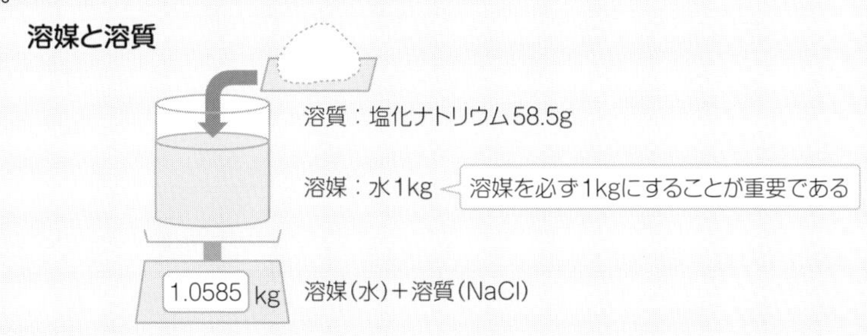

例；塩化ナトリウム水溶液 1mol/kg つくり方。
塩化ナトリウム（NaCl）58.5g を溶媒の水 1kg（1000 g）用意して加えればよい。
溶液の質量は 1058.5 g となる。
（体積モル濃度 1mol/L と質量モル濃度 1mol/kg の濃度はわずかに一致しない）

答えはこちら

33 質量パーセント濃度

質量パーセント濃度を理解する

❶溶液 100 g 中に溶質が何 g 溶けているかを表したものを質量パーセント濃度（w/w）% という。
❷体積の割合で濃度を計算する場合，溶液が 100 mL 中に溶質が何 mL 溶けているかを表したものを体積パーセント濃度（v/v）% という
❸濃い試薬を希釈して目的の濃度の水溶液を調製する

質量パーセント濃度と体積パーセント濃度

質量パーセント濃度（w/w）%➡溶液 100 g 中に含まれる溶質 g を % 濃度で示し，(w/w) % で表す。

（この場合は，分子量や原子量は計算に必要はなく溶質・溶媒の重さを量ればよい。）

質量パーセント濃度（w/w）% ＝ 溶質の質量 g/ 溶液の質量 g　× 100

＝ 溶質の質量 g/（溶媒の質量 g ＋溶質の質量 g）　× 100

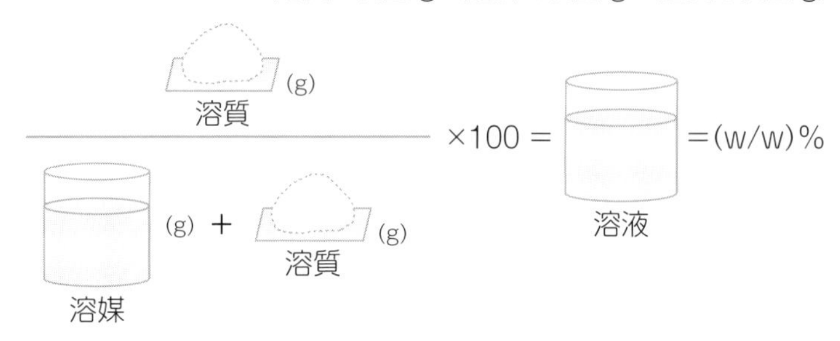

例；溶媒 90 g に溶質 10 g を溶かした溶液の質量パーセント濃度は何（w/w）% か。

溶質の質量 g/（溶媒の質量 g ＋溶質の質量 g）　× 100 ＝ 質量パーセント濃度（w/w）%

10/（90 ＋ 10）× 100 ＝ x

x ＝ 10（w/w）%

体積パーセント濃度（v/v）%➡溶液 100 mL 中に含まれる溶質 mL の割合を（v/v）% 濃度で示すこともある。

濃い試薬を希釈して目的の濃度の水溶液を調製

例；NaOH 水溶液 10 mol/L を用いて，濃度 0.2 mol/L の水溶液 100 mL つくるには何 mL 採取して水を何 mL 入れればよいか。

☆最終的につくる水溶液の物質量を出して，もととなる濃い溶液の物質量と結びつける。

「物質量 ＝ モル濃度 × 体積」であるので，「目的濃度の物質量 ＝ 濃い溶液の物質量」

0.2 mol/L × 100 mL ＝ 10 mol/L × x

x ＝ 2（mL）

→ NaOH 水溶液 10 mol/L 溶液を 2 mL 採取し，水を 98 mL 入れて溶液を 100 mL とする。

練習問題

1 次の問題に解答しなさい

①塩化ナトリウム 5 (w/w) % 水溶液 100 g つくるには塩化ナトリウム何 g 量り取り，水を何 g 入れればよいか求めなさい。

塩化ナトリウム　　　　　g，水　　　　　g

②水 100g に塩化ナトリウム 5g を溶解し水溶液をつくった。このときの質量パーセント濃度を求めなさい。

(w/w) %

試薬に結晶水が含まれている場合の質量パーセント濃度

(用いる試薬に結晶水が含まれている場合は，結晶水を考慮して計算する必要がある。)
試薬の分子式から分子量を求め，試薬に含まれている硫酸銅と結晶水（五水和物）の割合を求める。

例；硫酸銅五水和物（$CuSO_4 \cdot 5H_2O$）分子量 249.5

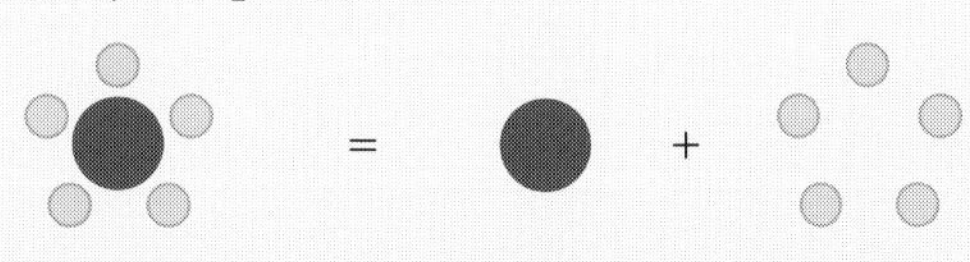

分子量　159.5 ＋ 18 × 5 ＝ 249.5　　159.5　　18 × 5 ＝ 90

例；硫酸銅五水和物（$CuSO_4 \cdot 5H_2O$）を用いて 10% の硫酸銅水溶液を 100g つくる。
無水硫酸銅の場合は 10g 量り取り 90g 水を入れれば 10% 水溶液ができる。
硫酸銅五水和物のように，結晶水を考慮に入れると次のようになる。
$159.5 : 249.5 = 10\,g : \chi\,g$　　$159.5 \times \chi\,g = 249.5 \times 10\,g$
$\chi = 15.64\,g$（硫酸銅五水和物）

この場合，$CuSO_4 \cdot 5H_2O$ を 15.64 g 量り取り容器に入れ，「15.64 g（硫酸銅五水和物）− 10 g（硫酸銅）= 5.64 g（結晶水）」
水は，結晶水の部分を差し引いて「90 g − 5.64 g = 84.36 g」水を入れれば 10% 水溶液ができる。

答えはこちら⬇

34 化学変化と化学反応式

化学変化と化学反応式について理解する

❶化学変化とは，物質に熱を加えたりほかの物質と混ざり合ったりすることで，形や性質の違う物質に変化することで，原子同士の結合の仕方や組み合わせが変わるために起こる
❷化学反応式からは，反応に関する物質の物質量，質量，粒子数の関係がわかる

化学反応式のルール

化学変化の過程を原子や分子で表したものを化学反応式という。

① 左辺に反応物を書き→右辺に生成物を書く。
〔反応物→生成物〕

② 原子の総数の和は左辺と右辺で等しくなければならない。
〔反応物の原子数 ＝ 生成物の原子数〕

③ もっとも簡単な整数の係数を入れる整数比にして，両辺の原子の数を合わせなければならない。

④ 化学変化の前後で変化しない物質（水や触媒など）は書き入れない。

例；水素と酸素から水ができる化学反応式
係数は簡単な整数比で解く。

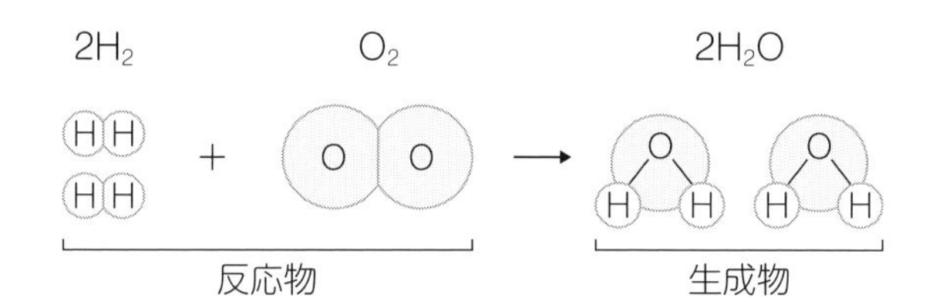

- 反応物 A と B という物質を反応させて，生成物 C と D という物質になった（化学変化）。
  A ＋ B → C ＋ D

例；塩酸と水酸化ナトリウムから塩化ナトリウムと水ができる反応
$HCl + NaOH \rightarrow NaCl + H_2O$

- 反応する前と，反応した後の原子の種類と総数は変わらない。係数はモルの比である。

練習問題

1 次の問題に解答しなさい

①塩酸（HCl）と水酸化ナトリウム（NaOH）を反応させると塩化ナトリウム（NaCl）と水（H_2O）ができる反応式を書きなさい

②プロパン（C_3H_8）を燃焼させると二酸化炭素（CO_2）と水（H_2O）が生じる。この化学反応式を書きなさい
※左辺と右辺の原子・分子の数が合うように係数に注意すること。

③塩酸（HCl）と水酸化マグネシウム（$Mg(OH)_2$）を反応させると塩化マグネシウム（$MgCl_2$）と水（H_2O）ができる反応式を書きなさい。

④金属ナトリウム（Na）と水（H_2O）との反応で，水酸化ナトリウム（NaOH）と水素（H_2）が発生する化学反応式を書きなさい。

STEP UP

未定係数法

もっとも簡単な係数の整数比の入れ方は未定係数法で求める。
例；メタンを燃焼させて二酸化炭素と水が生じる。

$$aCH_4 + bO_2 \rightarrow cCO_2 + dH_2O$$

それぞれの係数をアルファベットで書く。

左辺と右辺で原子の数が等しくなることを利用して，方程式にする。

C は $a = c$　　H は $4a = 2d$　　O は $2b = 2c + d$

1つの物質の係数を1として $a : b : c : d = 1 : 2 : 1 : 2$（係数に代入する）代入。

$$CH_4 + 2O_2 \rightarrow CO_2 + 2H_2O$$

答えはこちら⬇

35 イオン反応式

イオン反応式について理解する

化学反応において，反応に関係するイオンだけの変化を表した式のことをイオン反応式という。

イオン反応式の書き方

イオン反応式も化学反応式と同様に左辺と右辺の**原子の数**を合わせて，さらに**電荷**の±の数も合わせる必要がある。反応に関係のないイオンは省略する。

例；硝酸銀と塩化ナトリウムを１つの水溶液にすると，Ag^+，NO_3^-，Na^+，Cl^-の４つのイオンが存在する。陽イオンと陰イオンの組み合わせで，水に溶けにくい塩化銀 AgCl が沈殿として現れる。（↓は沈殿を示す）

化学反応式　$AgNO_3 + NaCl \rightarrow AgCl\downarrow + NaNO_3$

イオン式　$Ag^+ + NO_3^- + Na^+ + Cl^- \rightarrow AgCl\downarrow + Na^+ NO_3^-$

イオン反応式　$Ag^+ + Cl^- \rightarrow AgCl\downarrow$

イオン生成でのエネルギーの出入り

- 第１イオン化エネルギーは，周期表の左下に行くほど小さくなる。つまり第１オン化エネルギーが小さいほど陽イオンになりやすい。→ 陽性が強い
- 電子親和力は，周期表の右上に行くほど大きくなる。つまり電子親和力が大きいほど陰イオンになりやすい。→ 陰性が強い。

練習問題

1 次のイオン反応式に係数をつけて完成させなさい

① Ag^{+} ＋ S^{2-} → Ag_2S ↓

____

② Fe^{3+} ＋ OH^{-} → $Fe(OH)_3$ ↓

____

③ Ag^{+} ＋ H_2S → Ag_2S ↓ ＋ H^{+}

____

答えはこちら ↓

36 化学反応の量的関係

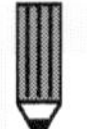

化学反応の量的関係を理解する

❶化学反応の量的関係は，反応物や生成物の物質量（mol，気体の体積，質量）に関連している。
❷質量保存の法則とは，反応の前後で原子の種類と数は変わらず，反応物の質量合計＝生成物の質量合計であることをいう
❸化学反応式において量的関係は化学反応式の係数が重要である

化学反応の量的関係と化学反応式

化学反応の量的関係は，反応物中の原子同士の結合の組み合わせが変わる。新たな生成物ができ（例；水素 2 mol と酸素 1mol から水 2 mol ができる），分子数・物質量（mol）や気体になったときの体積・質量の関係を示している。

化学反応式	$2H_2$	＋ O_2	→ $2H_2O$
物質量	$2 \times 6.02 \times 10^{23}$ 個 2 mol	$1 \times 6.02 \times 10^{23}$ 個 1 mol	$2 \times 6.02 \times 10^{23}$ 個 2 mol
気体の体積（標準状態）	2 × 22.4 L 2 体積	1 × 22.4 L 1 体積	2 × 22.4 L 2 体積
質　量	2 mol × 2 g/ mol ＝ 4 g	1mol × 32 g/mol ＝ 32 g	2 mol × 18 g/mol ＝ 36 g

質量保存の法則➡化学反応式の係数は，左辺の係数の合計と右辺の係数は一致しないことがある。質量保存の法則とは，① 反応の前後で**原子の種類と数は変わらない**，② 反応物の質量の合計と生成物の質量の合計も同じことをいう。

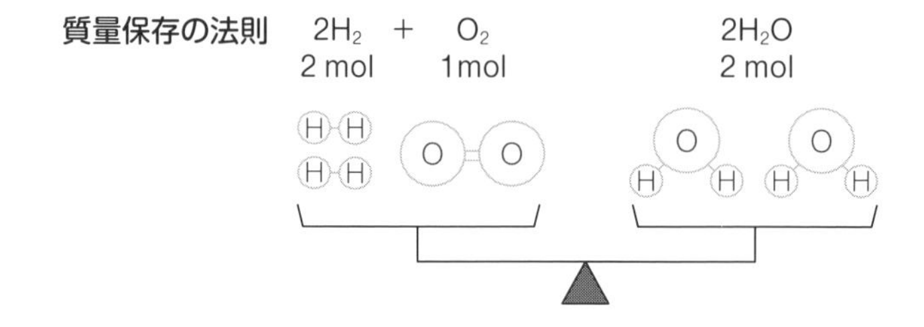

POINT

- 化学反応式の係数は，反応に関係する粒子の相対的な個数を表している。
- 化学反応式には，反応に関係する物質量，質量と粒子数の関係がわかる。
- 化学反応では反応の前後で質量は変わらない。

練習問題

1 次の問題に解答しなさい

①メタン（CH_4）を燃焼させたときの化学反応式は次の通りである

$$CH_4 + 2O_2 \rightarrow CO_2 + 2H_2O$$

[1] メタン 32 g が完全燃焼した場合，二酸化炭素と水はそれぞれ何 mol できるか求めなさい。

__________，__________

[2] 二酸化炭素と水の質量は何 g できるか求めなさい。

__________，__________

②窒素（N_2）と水素（H_2）を反応させてアンモニア（NH_3）ができる化学反応式をつくりなさい。

____

③アンモニア（NH_3）　2 mol つくるには窒素と水素がそれぞれ何 mol 必要か求めなさい。

__________，__________

2 次の空欄を埋めなさい

化学反応において，反応の前後で（①　　　　　　　　）は変わらない。
これを（②　　　　　　　　）の法則という。

3 次の問題に解答しなさい

①アルミニウム（Al）10 g の物質量を求めなさい。（原子量：Al = 27）

__________ mol

②炭酸水素ナトリウム（$NaHCO_3$）10 g の物質量を求めなさい。
（原子量：Na = 23，H = 1，C = 12，O = 16）

__________ mol

答えはこちら↓

37 酸と塩基の定義①(アレーニウスの定義)

酸と塩基の考え方を理解する

アレーニウスが提唱した酸と塩基の定義は以下のとおりである。

❶酸とは水溶液中で水素イオン〔H^+〕(オキソニウムイオン〔H_3O^+〕)を生じる物質である

❷塩基とは水溶液中で水酸化物イオン〔OH^-〕を生じる物質である

酸と水素イオン

酸が水に溶けると電離して水素イオン〔H^+〕(オキソニウムイオン〔H_3O^+〕)を生じる。

H^+は非常に反応性が高く，実際には水分子と結合して**オキソニウムイオン〔H_3O^+〕**として存在する。

H^+に限らず，水に溶けている陽イオンに配位した水分子は省略されることが多い*。

例；塩酸(HCl)

塩酸が水に溶けると，次のように解離する。

$$HCl \rightarrow H^+ + Cl^-$$

この反応では，HCl分子が水中で解離し，H^+と塩化物イオン〔Cl^-〕を放出する。

そのため，実際の解離反応は以下のように表す。

$$HCl + H_2O \rightarrow H_3O^+ + Cl^-$$

これらの酸が水中で解離してH^+を放出することで，その溶液は酸性を示す。

＊本書においてもH_3O^+はすべてH^+として表している

水と酸・アルカリの電離

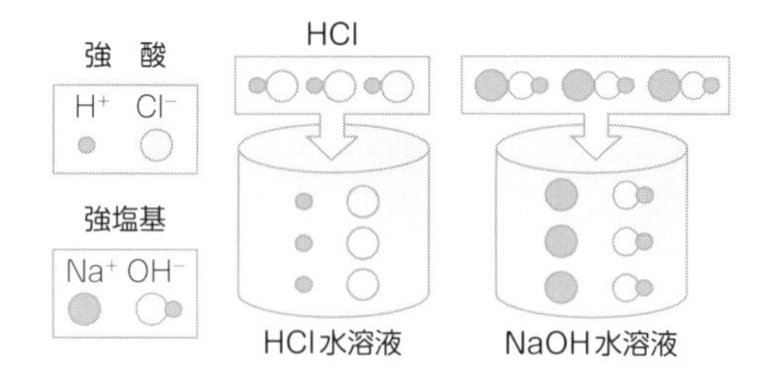

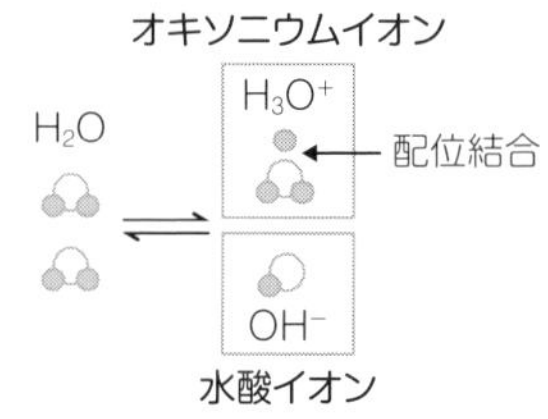

塩基と水酸化物イオン

塩基は水中で水酸化物イオン〔OH^-〕を放出する物質で，一般に金属の水酸化物が該当する。

塩基は水中で以下のような解離反応を起こす。

塩基➡金属イオン ＋ 水酸化物イオン〔OH^-〕

例；水酸化ナトリウム(NaOH)

水酸化ナトリウムが水に溶けると，次のように解離する。

$$NaOH \rightarrow Na^+ + OH^-$$

この反応では，水酸化ナトリウム(NaOH)が水中でナトリウムイオン〔Na^+〕と水酸化物イオン〔OH^-〕に解離する。

OH^-が生成されるため，NaOHはアレーニウスの定義における塩基といえる。

練習問題

1 次の空欄を埋めなさい

- アレーニウスの定義による酸とは，水溶液中で（①　　　　　　　）を生じる物質である。

- 塩酸（HCl）が水に溶けるときの反応は，
  $HCl + H_2O \rightarrow$ （②　　　　　）＋（③　　　　　）である。

- 水酸化ナトリウム（NaOH）が水に溶けるときの反応は，
  （④　　　　　　→⑤　　　　　　　）となる。

- アレーニウスの定義に基づく塩基とは水溶液中で（⑥　　　　　　　）を生じる物質である。

STEP UP

- アレーニウス（1859-1927）は，一部の物質（電解質）が水溶液中で電離してイオン化するという電離説を提唱し，水溶液中における酸や塩基に関する理論を構築した。
- アルカリ性とか塩基性は同じ意味で用いられることが多いが，「アルカリ」は水に溶ける塩基という意味で用いられることもある。

答えはこちら ⬇

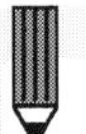

38 酸と塩基の定義②（ブレンステッド・ローリーの定義）

ブレンステッドとローリーが提唱した酸と塩基の考え方を理解する

❶酸とは，相手に水素イオン〔H^+〕を与える，分子またはイオンである
❷塩基とは，相手から水素イオン〔H^+〕を受け取る，分子またはイオンである

水素イオン〔H^+〕の授受による酸・塩基の違い

ブレンステッド・ローリーの定義を用いると多くの反応が酸と塩基の反応として理解できる。

例；$NH_3 + H_2O \rightarrow NH_4^+ + OH^-$

この反応は，実際水溶液は塩基性になる。しかし，アレーニウスの定義であると酸と塩基が定義できないが，ブレンステッド・ローリーの定義では決めることができる。

水中の反応（典型的な酸と塩基）

アンモニア NH_3 が水 H_2O に溶ける反応は下記のとおりである。

$$NH_3 + H_2O \rightarrow NH_4^+ + OH^-$$

ここで，アンモニア NH_3 は水分子から〔H^+〕を受け取ってアンモニウムイオン〔NH_4^+〕になっているので**塩基**であり，水分子は〔H^+〕を与えているので**酸**である。

一方で，逆の反応では，

$$NH_4^+ + OH^- \rightarrow NH_3 + H_2O$$

水酸化物イオン〔OH^-〕は，アンモニウムイオン〔NH_4^+〕から〔H^+〕を受け取って水分子になっているので塩基（**共役塩基**）であり，〔NH_4^+〕は〔H^+〕を与えているので酸（**共役酸**）である。

POINT

ブレンステッド・ローリーの定義では，水以外の溶媒中や気体同士の反応にも酸・塩基を適用できる。

塩化水素(g)とアンモニアガスの反応式

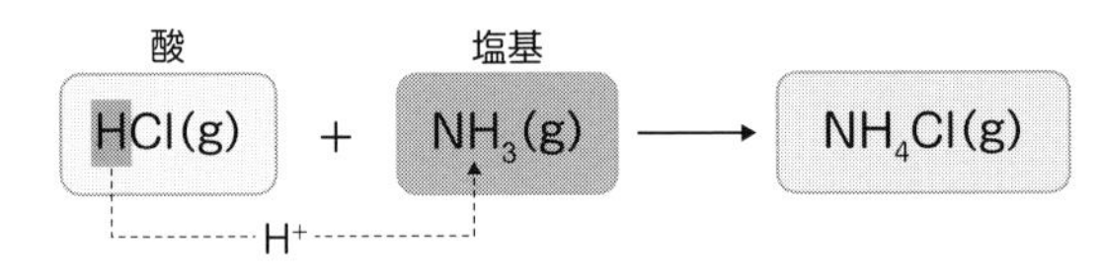

練習問題

1 次の化学反応のうち，下線で引いた物質は「酸」と「塩基」のどちらで働いているか解答しなさい

① CO_3^{2-} + $\underline{H_2O}$ ⇆ HCO_3^- + OH^- （　　　　　）

② $\underline{CaO}$ + 2HCl → $CaCl_2$ + H_2O （　　　　　）

③ $\underline{HSO_4^-}$ + H_2O ⇆ SO_4^{2-} + H_3O^+ （　　　　　）

④ H_2S + 2$\underline{NaOH}$ → Na_2S + $2H_2O$ （　　　　　）

⑤ HCO_3^- + $\underline{HCl}$ → CO_2 + Cl^- + H_2O （　　　　　）

2 (ア)～(エ)の中でブレンステッド・ローリーの定義に基づく酸・塩基の組み合わせはどれか

(ア) HCl と NaOH
(イ) NH_3 と H_2O
(ウ) CO_2 と H_2O
(エ) NaCl と H_2O （　　　　　）

答えはこちら ⬇

39 酸と塩基の価数

酸と塩基の価数の意味を理解する

❶酸の価数 = 電離して水素イオン〔H^+〕になる H の数
❷塩基の価数 = 電離して水酸化物イオン〔OH^-〕になる OH の数

価数による酸と塩基の分類

価数	酸		塩基	
	強酸	弱酸	弱塩基	強塩基
一	塩酸 HCl 硝酸 HNO_3	酢酸 CH_3COOH	アンモニア NH_3	水酸化ナトリウム NaOH 水酸化カリウム KOH
二	硫酸 H_2SO_4	シュウ酸 $(COOH)_2$ 二酸化炭素 CO_2	水酸化銅（Ⅱ） $Cu(OH)_2$ 水酸化鉄（Ⅱ） $Fe(OH)_2$	水酸化カルシウム $Ca(OH)_2$ 水酸化バリウム $Ba(OH)_2$
三	—	リン酸 H_3PO_4	水酸化鉄（Ⅲ） $Fe(OH)_3$	—

酸の価数➡酸は通常，水溶液中で水素イオン〔H^+〕を放出する化合物をいう。酸の価数は，その酸が放出できる〔H^+〕の数によって決まる。例えば，塩酸（HCl）は 1 つの〔H^+〕を放出するので，価数は 1 となる。また，硫酸（H_2SO_4）は 2 つの〔H^+〕を放出するので，価数は 2 となる。

一価の酸　$HCl \rightarrow \underline{H^+} + Cl^-$　　二価の酸　$H_2SO_4 \rightarrow \underline{2H^+} + SO_4^{2-}$

塩基の価数➡塩基では組成式に含まれる水酸化物イオン〔OH^-〕の数で価数が決まる。例えば，水酸化ナトリウム（NaOH）は一価の塩基，水酸化カルシウム（$Ca(OH)_2$）は二価の塩基となる。また，アンモニア（NH_3）は水（H_2O）と反応した NH_3 1 分子当たり〔OH^-〕1 個生じるので一価の塩基である。

一価の酸　$NaOH \rightarrow Na^+ + \underline{OH^-}$ ，　$NH_3 + H_2O \rightarrow NH_4^+ + \underline{OH^-}$

POINT

酢酸は酸素原子に結合した水素原子のみが電離するので一価の酸である。

$$CH_3COOH \rightarrow CH_3COO^- + H^+$$

練習問題

1 次の化合物の価数を空欄に埋めなさい

① 塩酸（HCl）　（　　　）

② 水酸化ナトリウム（$NaOH$）　（　　　）

③ 硫酸（H_2SO_4）　（　　　）

④ 水酸化カルシウム（$Ca(OH)_2$）　（　　　）

⑤ 酢酸（CH_3COOH）　（　　　）

2 次の化合物を「酸」と「塩基」に分けなさい

HNO_3, H_2SO_4, KOH, $Fe(OH)_3$

酸→　（　　　　　,　　　　　）

塩基→　（　　　　　,　　　　　）

答えはこちら⬇

40 酸と塩基の強弱と電離度

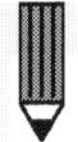

強酸・強塩基と弱酸・弱塩基の違いを理解する

❶ 酸・塩基の強弱と電離度の大小は比例する
❷ 水に溶かした酸や塩基（溶質）のうち，電離したものの割合が電離度 α（$0 < \alpha \leqq 1$）
❸ 電離度 α は，電離した電解質の物質量 / 溶解した電解質の物質量で求められる

酸（塩基）の強弱と電離度

強酸➡水溶液中でほぼ完全に電離（11 参照）し，多くの水素イオン〔H^+〕を生成するため電離度は「高い」。

弱酸➡水溶液中で部分的にしか電離せず，〔H^+〕を限られた量しか生成しないため，電離度は「低い」。

例；塩酸と酢酸では，同じ一価の酸で同じ濃度だとしても塩酸の方がマグネシウムと反応し，よく電気を通す。これは強酸である塩化水素（HCl）の方が，弱酸である酢酸（CH_3COOH）よりも電離する割合が大きいからである。

強酸
塩酸HCl
弱酸
酢酸 CH_3COOH
同じモル濃度の水溶液で比較
激しく強い
Mgとの反応性
弱い
明るい
電気伝導性
暗い

強酸・強塩基➡水溶液中でほぼ完全に電離（電離度 $\alpha = 1$）している酸・塩基。

- 電離度が高いため，水溶液中でほぼ完全に電離し，多くの〔H^+〕や〔OH^-〕を生成する。
- 強い反応性をもち，pH 値を急速に変化させる。
- 粘性が低く，水溶液が透明であることが多い。

弱酸・弱塩基➡一部しか電離せず電離度が小さい酸や塩基。

- 電離度が低いため，水溶液中で部分的にしか電離せず，〔H^+〕や〔OH^-〕を限られた量しか生成しない。
- 比較的穏やかな反応性をもち，pH 値を緩やかに変化させる。

同じ物質でも電離度は濃度と温度によって異なる。弱酸・弱塩基（CH_3COOH や NH_3 など）の電離度は濃度が薄くなると大きくなり，一方で強酸・強塩基（HCl や NaOH など）の電離度は濃度に関係なくほぼ 1 である。

練習問題

1 次の空欄を埋めなさい

- 強酸とは電離度が (① 　　) 酸のことをいい，弱酸とは一部しか電離せず電離度が (② 　　) 酸のことをいう。酢酸 (CH_3COOH) は (③ 　　) に分類される。
- 電離度が高いため，水溶液中でほぼ完全に電離し，多くの水素イオンを生成するのは (④ 　　) である。
- 強酸・強塩基の電離度は通常 α = (⑤ 　　) である。
- 弱酸・弱塩基は電離度が (⑥ 　　) と (⑦ 　　) によって変化する。

2 25℃・0.10 mol/L 酢酸水溶液の酢酸の電離度 α = 0.017 の場合，水素イオンのモル濃度を求めなさい。

＿＿＿＿＿＿＿＿ mol/L

答えはこちら ⬇

41 化学平衡

化学平衡とはどういう状態かを理解する

❶化学平衡は，正反応と逆反応の反応速度が等しく，見かけ上反応が止まっているようにみえる状態をいうが，実際に反応は止まっているわけではない

❷「A + B ⇆ C」という反応において，化学平衡が成り立つとき以下の式が成り立つ。これを化学平衡の法則（質量作用の法則）という

$$k = \frac{[C]}{[A][B]}$$

化学平衡

「A + B ⇆ C」という反応は「A + B → C」という反応と「C → A + B」という反応の両方が成り立つことを意味している。例えば，水素とヨウ素からヨウ化水素が生成される反応「$H_2 + I_2 \leftrightarrows 2HI$」がある。$H_2 + I_2 \rightarrow 2HI$ という反応も，$2HI \rightarrow H_2 + I_2$ という反応も同時に行われていることを表していることになる。しばらくすると，これら両反応の速度は等しくなり，見かけ上反応が止まっているような状態になる。このような状態を**化学平衡**という。

化学平衡の法則➡化学平衡の状態では反応速度 v が等しい（正反応の v =逆反応の v）。そのため次の式が成り立つ。係数（ここでは 2HI の「2」）は，[HI] の右上につく指数となる。これを**化学平衡の法則**（質量作用の法則）という。※［　］はモル濃度を示す

$$k_1[H_2][I_2] = k_2[HI]^2$$

$$\frac{[HI]^2}{[H_2][I_2]} = \frac{k_1}{k_2}$$

$$K = \frac{[HI]^2}{[H_2][I_2]}$$

正反応の $v = k_1[H_2][I_2]$
逆反応の $v = k_2[HI]^2$

このときの「K」を**平衡定数**という。平衡定数は，温度が変化する場合は変動する。

POINT

- 可逆反応➡　A + B ⇆ C　（正反応も逆反応も起こる反応）
  - ・正反応→　A + B → C　（可逆反応において右から左に反応が進む反応）
  - ・逆反応→　C → A + B　（可逆反応において左から右に反応が進む反応）
- 不可逆反応➡ A + B → C + D　（一定方向にしか進まない反応）

一定方向にしか反応が進まない中和反応（45 参照）のような不可逆反応は，化学平衡状態にはならない（例；$HCl + NaOH \rightarrow NaCl + H_2O$）。

練習問題

1 窒素 (N_2) 4.0 mol と水素 (H_2) 10.0 mol を 10L 容器に入れ，ある温度に保つとアンモニア (NH_3) 4.0 mol を生じて平衡になった。次の問いに答えなさい

①この化学平衡の反応式を書きなさい。

　　　　＋　　　　⇆ ＿＿＿＿＿＿＿＿＿＿＿＿

②平衡定数 K の式を示しなさい。

$K\,(\mathrm{mol/L})^{-2}$ = ＿＿＿＿＿＿＿＿

＿＿＿＿＿＿＿＿＿＿＿＿

③単位にも留意し，平衡定数を求めなさい。

$K\,(\mathrm{mol/L})^{-2}$ = ＿＿＿＿＿＿＿＿

STEP UP

一般に，aA + bB + · · · · ⇆ pP + qQ + · · · · の平衡が成り立つとき，

$$K = \frac{[P]^p\,[Q]^q\,[R]^r \cdot \cdot \cdot}{[A]^a\,[B]^b\,[C]^c \cdot \cdot \cdot}$$

が成り立つ。

答えはこちら ⬇

42 水の電離と水素イオン濃度

水の電離と水素イオン濃度について理解する

❶水は少量ではあるが水素イオン〔H^+〕と水酸化物イオン〔OH^-〕に電離している
❷[H^+] と [OH^-] の積を水のイオン積 (Kw) といい，25℃のとき 1.0×10^{-14} $(mol/L)^2$ である

水の電離

$$H_2O \leftrightarrows H^+ + OH^-$$

純粋な水 (H_2O) でも，わずかに電離して水素イオン〔H^+〕と水酸化物イオン〔OH^-〕が存在する。

$H_2O \rightarrow H^+ + OH^-$……①

① 水はわずかに電離し，〔H^+〕と〔OH^-〕を生成する。

$H^+ + OH^- \rightarrow H_2O$……②

② 生成した〔H^+〕と〔OH^-〕は反応し，水を生成する。

水の電離度➡水分子が電離して生成される〔H^+〕と〔OH^-〕の割合を示す。

水素イオン濃度…[H^+]
水酸化物イオン濃度…[OH^-]

水のイオン積 (Kw) ➡ [H^+] [OH^-] = 10^{-14} $(mol/L)^2$

※水温 25℃の条件下でこの式が成立この式を，**水のイオン積 (Kw)** という。

純　水➡純水は [H^+] と [OH^-] が等しく，以下の式が成り立つ。

$$[H^+] = [OH^-] = 1.0 \times 10^{-7} mol/L$$　※水温 25℃の条件下

このことから，純水は中性 (pH = 7.0) が導き出される (43 参照)。

酸性・塩基性と水素イオン濃度

水素イオン濃度 [H^+] と水酸化物イオン濃度 [OH^-] は反比例の関係にあるので，どちらか一方が決まれば，他方も決まる。

①水に酸を溶かすと [H^+] が増加し，代わりに [OH^-] が減少する。
②水に塩基を溶かすと [OH^-] が増加し，代わりに [H^+] が減少する。
➡水溶液の酸性・塩基性の強弱は [H^+] の大小で表記する。

練習問題

1 次の問題に解答しなさい

①[H^+] と [OH^-] が次の関係にあるとき，水溶液が酸性・中性・塩基性のいずれか，(　　) に示しなさい。

(ア) [H^+] ＞ 1.0×10^{-7}mol/L ＞ [OH^-]　　(　　　　　)

(イ) [H^+] ＝ 1.0×10^{-7}mol/L ＝ [OH^-]　　(　　　　　)

(ウ) [H^+] ＜ 1.0×10^{-7}mol/L ＜ [OH^-]　　(　　　　　)

②水の電離に関する次の記述のうち，正しいものには○，間違っているものには×をつけなさい

(ア) 水は完全に電離して水素イオン〔H^+〕と水酸化物イオン〔OH^-〕に分解する。　(　　)

(イ) 水の電離は温度によって変化する。　(　　)

(ウ) 純水の水素イオン濃度は 1.0×10^{-7}mol/L である。　(　　)

(エ) 純水の水酸化物イオン濃度は 1.0×10^{-14}mol/L である。　(　　)

③酸性・塩基性と水素イオン濃度に関する次の記述のうち，正しいものには○，間違っているものには×をつけなさい

(ア) 酸性の水溶液は水素イオン濃度が大きい。　(　　　)

(イ) 塩基性の水溶液は水素イオン濃度が大きい。　(　　　)

(ウ) [H^+] と [OH^-] は反比例の関係にある。　(　　　)

(エ) 水溶液の酸性・塩基性の強弱は，[OH^-] の大小で表記される。　(　　　)

STEP UP

平衡定数 K から水のイオン積 Kw を求める

$H_2O \rightleftarrows H^+ + OH^-$　が成り立つとき，

$$K = \frac{[H^+][OH^-]}{[H_2O]}$$　となる。

[H_2O] は水のモル濃度である。水 1L ＝ 1000g である。水 1000g は 55.6mol (1000 ÷ 18g/mol) となり，水のモル濃度は定数である。よって，分母の [H_2O] を左辺に移項し，K[H_2O] ＝ Kw [H^+][OH^-] となる。

答えはこちら↓

43 pH

pH について理解する

❶ $pH = -\log_{10} [H^+]$ で表される
❷ pH とは水素イオン濃度 $[H^+]$ が 10 倍違ったら，値が 1 違う

水素イオン濃度 $[H^+]$ の求め方

$$[H^+] = 酸のモル濃度 (mol/L) \times 電離度$$

例；0.01mol/L の CH_3COOH 水溶液の電離度 $\alpha = 0.017$ のときの $[H^+]$

$[H^+] = 0.10\ (mol/L) \times 0.017 = 0.0017\ (mol/L) = 1.7 \times 10^{-3} mol/L$

水素イオン指数 pH の求め方

水溶液中の $[H^+]$ は，わずかな酸や塩基を溶かしても大きな変化を示す。
$[H^+]$ 値の変化の幅は，1mol/L から 10^{-14}mol/L までと非常に広く，非常に小さい。
水溶液の酸性と塩基性の強弱は $[H^+]$ 値の代わりに，$[H^+]$ を 10^{-n}mol/L で表したときの n 値 ＝ pH（水素イオン指数）を用いている。

例；$[H^+] = 1.0 \times 10^{-n}$mol/L のとき，pH ＝ n

水素イオン濃度とpH

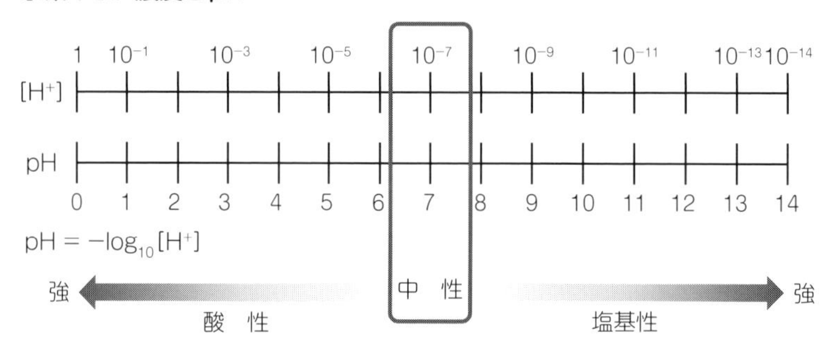

POINT

水素イオン指数 pH は次の式を用いて得られる。
$pH = -\log_{10} [H^+]$
対数なので，pH 値が 1 違うということは $[H^+]$ は 10 倍違う。マイナスがついているので，数値が小さい方が $[H^+]$ が高い。

練習問題

1 次の①〜③に示す水溶液（水温 25℃条件下）の pH を整数値で求めよ

① 0.10 mol/L HCl（$\alpha = 1$）　（ pH　　）

② 0.050 mol/L CH_3COOH 水溶液（$\alpha = 0.020$）　（ pH　　）

③ pH ＝ 2 の HCl を純水で 100 倍希釈した水溶液　（ pH　　）

2 pH に関する次の記述のうち，正しいものには○，間違っているものには×をつけなさい

(ア) pH が 1 増えると，水素イオン濃度が 10 倍になる。（　）
(イ) pH が 1 減ると，水素イオン濃度が 10 倍になる。（　）
(ウ) pH が 1 増えると，水素イオン濃度が 1/10 になる。（　）
(エ) pH が 1 減ると，水素イオン濃度が 1/10 になる。（　）

3 水素イオン指数 pH の求め方について，正しいものには○，間違っているものには×をつけなさい

(ア) $[H^+]$ を 10^{-n} mol/L で表したときの n 値 ＝ pH（　）
(イ) $[H^+] = 1.0 \times 10^{n}$ mol/L のとき，pH ＝ n（　）
(ウ) pH は水溶液中の水素イオン濃度を自然対数で表したものである。（　）
(エ) pH は水溶液中の水素イオン濃度を常用対数で表したものである。（　）

答えはこちら ⬇

44 指示薬とpHの関係

pHの変化によって色調が変わる色素と指示薬の特徴を理解する

❶pH指示薬は，酸性・塩基性の環境によって色が変わる化合物である
❷溶液のpHを視覚的に判断するために使用される
❸主要なpH指示薬の種類，変色域，および各指示薬の特徴を知ることが必要である

主なpH指示薬とその変色域

リトマス試験紙➡一般的なpH指示薬。酸性溶液では赤く，塩基性溶液では青く変化。

変色域：酸性（赤）⇒ 塩基性（青）

フェノールフタレイン➡中性および酸性では無色だが，塩基性になると赤色に変化。

変色域：pH 8.0～9.8

メチルオレンジ➡赤色（酸性）⇒橙色（中性）⇒ 黄色（塩基性）に変化。

変色域：pH 3.1～4.4

ブロモチモールブルー➡黄色（酸性）⇒ 緑色（中性）⇒ 青色（塩基性）に変化。中性付近のpH変化を観察するのに適している。弱酸・弱塩基の滴定で使用される。

変色域：pH 6.0～7.6

メチルレッド➡赤色（酸性）⇒ 黄色（塩基性）に変化。酸性から中性へのpH変化に敏感で，中和（酸塩基）滴定に使用される。

変色域：pH 4.4～6.2

ブロモクレゾールグリーン➡黄色（酸性）⇒ 緑色（中性）⇒ 青色（塩基性）に変化。酸性から中性への変化を確認するのに適している。

変色域：pH 3.8～5.4

POINT

指示薬の色が変わるのは，色素の分子が弱酸・弱塩基として働き，〔H^+〕を授受して構造を変えるためである。

練習問題

1 実験に用いた強酸の酸廃液を中和するのに，もっとも適していると考えられる指示薬はどれか選び，その理由を述べよ。

(ア) フェノールフタレイン　(イ) メチルオレンジ
(ウ) ブロモチモールブルー　(エ) メチルレッド
(オ) ブロモクレゾールグリーン

(　　)＿＿＿＿＿＿＿＿＿＿＿＿＿＿＿＿＿＿＿＿

2 次の空欄を埋めなさい

- リトマス試験紙は酸性溶液では (①　　) 色，塩基性溶液では (②　　) 色に変色する。
- フェノールフタレインは，中性と酸性では (③　　) 色であり，塩基性になると (④　　) 色に変化する。
- メチルオレンジは，酸性→ (⑤　　) 色，中性→ (⑥　　) 色，塩基性→ (⑦　　) 色に変化する。
- ブロモチモールブルーは，酸性→ (⑧　　) 色，中性→ (⑨　　) 色，塩基性→ (⑩　　) 色に変化する。
- 酸性から中性への pH 変化に敏感な pH 指示薬は (⑪　　　　) である。
- フェノールフタレインの変色域は pH (⑫　　) ～ (⑬　　) である。

答えはこちら ⬇

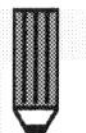

45 中和と塩

中和とは何か？　そして，塩とは何か？　を理解する

❶中和とは，水溶液中において，酸の [H^+] と塩基の [OH^-] が結合して水 (H_2O) を生成する反応
❷中和反応において，塩とは水溶液に溶けていた塩基の陽イオンと酸の陰イオンが結びついて生成した化合物

中和反応とは

酸 [H^+] と塩基 [OH^-] が反応して，水と塩基の陽イオンと酸の陰イオンが結びついて「塩」を生成する化学反応を**中和反応**という。

中和反応では，酸性や塩基性の性質が打ち消され，中性に近くなる。

例；$HCl + NaOH \rightarrow NaCl + H_2O$　（中和反応の一般的な形式）

塩酸（HCl）に水酸化ナトリウム（NaOH）を加えて中和するときの変化

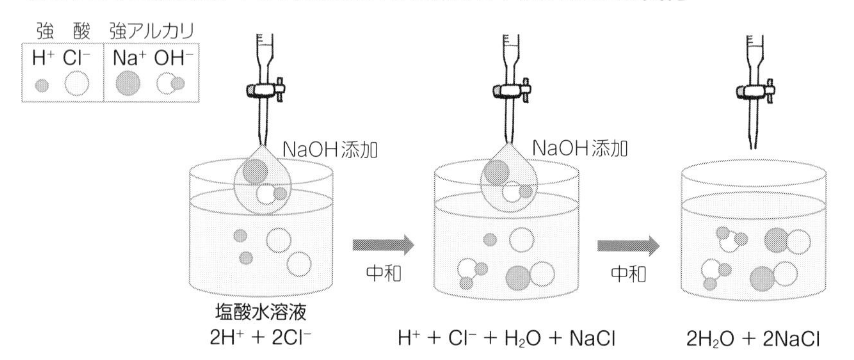

塩の種類

酸性塩➡酸の H が残っている塩　例；$NaHSO_4$，$NaHCO_3$，$KHSO_3$ など

塩基性塩➡塩基の OH が残っている塩　例；MgCl (OH)，$CuNO_3$ (OH)，CuCl (OH) など

正塩➡酸の H も塩基の OH も残ってない塩　例；NaCl，CH_3COONa，CH_3COONH_4，NH_4Cl など

ただし，これらの名称とこれらが溶けた水溶液の酸性・塩基性とは一致しないことには注意。

POINT

- 中和反応は一般的に発熱反応（エクソサーミック）で，熱を放出する（エンタルピー$\varDelta H < 0$）。
- 中和により，溶液の pH は「7」に近づく（ただし，完全に中性になるとは限らない）。

練習問題

1 次の酸と塩基を過不足なく中和したとの化学反応式を書きなさい

① HNO_3 と NaOH ⇒

② HCl と $Ca(OH)_2$ ⇒

③ H_2SO_4 と $Al(OH)_3$ ⇒

2 次の塩は，酸性塩・塩基性塩・正塩のいずれか空欄を埋めなさい

① Na_2SO_4 (　　　　)

② CaCl (OH) (　　　　)

③ $NaHCO_3$ (　　　　)

④ CH_3COONa (　　　　)

3 次の空欄を埋めなさい

- 中和反応では，酸の H^+ と塩基の OH^- が結合して (① 　　　　) を生成する。
- (② 　　　　) は酸の H も塩基の OH も残っていない。

STEP UP

塩の生成

塩は中和反応以外でも様々な反応で生成する。

〔金属と酸の反応〕 $Zn + H_2SO_4 \rightarrow ZnSO_4 + H_2$

〔塩基性酸化物と酸の反応〕 $CaO + 2HCl \rightarrow CaCl_2 + H_2O$

〔酸性酸化物と塩基の反応〕 $CO_2 + 2NaOH \rightarrow Na_2CO_3 + H_2O$

〔塩基性酸化物と酸性酸化物の反応〕 $CaO + CO_2 \rightarrow CaCO_3$

答えはこちら⬇

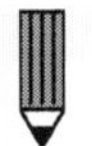

46 塩の反応

塩の反応とはどのようなことを示すのか理解する

❶塩は構成イオン種の違いにより様々な反応を示す

塩の性質と反応

塩の性質➡正塩の水溶液であっても，構成イオンによって中性にならないことがある。

例；以下の化合物はすべて正塩である

正　塩	水溶液	構成イオン	
		酸	塩基
CH_3COONa	塩基性	CH_3COOH（弱酸）	NaOH（強塩基）
NH_4Cl	酸　性	HCl（強酸）	NH_3（弱塩基）
NaCl	中　性	HCl（強酸）	NaOH（強塩基）

弱酸・弱塩基・揮発性酸の遊離

弱酸の遊離➡弱酸の塩の水溶液に強酸を加えると弱酸が遊離する。

例；酢酸ナトリウム水溶液と塩酸の反応

$$CH_3COONa + HCl \rightarrow NaCl + CH_3COOH$$

（弱酸の塩）　（強酸）　（強酸の塩）　**（弱酸）**

弱塩基の遊離➡弱塩基の塩の水溶液に強塩基を加えると弱塩基が遊離する。

例；塩化アンモニウム水溶液と水酸化ナトリウム水溶液の反応

$$NH_4Cl + NaOH \rightarrow NaCl + NH_3 + H_2O$$

（弱塩基の塩）　（強塩基）　（強塩基の塩）　**（弱塩基）**

揮発性酸の遊離➡揮発性の酸の塩に不揮発性の酸を加えると揮発性の酸が遊離する。

例；塩化ナトリウム水溶液と硫酸の反応

$$NaCl + H_2SO_4 \rightarrow NaHSO_4 + HCl$$

（揮発性の酸の塩）（不揮発性の酸）（不揮発性の酸の塩）**（揮発性の酸）**

POINT

遊離とは，単体または化合物中の一部の原子または原子団が物質から分離することをいう。
揮発性とは，沸点以下でも気体になりやすく，空気中に出ていく性質をいう。

練習問題

1 次の塩の水溶液は，それぞれ酸性・中性・塩基性のどれを示すか，空欄を埋めなさい

① 酢酸カリウム CH_3COOK (　　　)
② 酢酸アンモニウム CH_3COONH_4 (　　　)
③ 塩化カルシウム $CaCl_2$ (　　　)
④ 硫酸ナトリウム Na_2SO_4 (　　　)
⑤ 硝酸アンモニウム NH_4NO_3 (　　　)
⑥ 炭酸ナトリウム Na_2CO_3 (　　　)
⑦ 酢酸カルシウム $(CH_3COO)_2Ca$ (　　　)

2 塩の性質に関する次の記述のうち，正しいものはどれか

(ア) 正塩の水溶液は必ず中性になる。
(イ) CH_3COONa の水溶液は塩基性である。
(ウ) NH_4Cl の水溶液は中性である。
(エ) NaCl の水溶液は酸性である。 (　　　)

3 塩の反応に関する次の記述のうち，正しいものはどれか

(ア) 酢酸ナトリウム水溶液と塩酸の反応では，塩が生成される。
(イ) 塩化アンモニウム水溶液と水酸化ナトリウム水溶液の反応では，水が生成される。
(ウ) 塩化ナトリウム水溶液と硫酸の反応では，塩が生成される。
(エ) 揮発性の酸の塩に不揮発性の酸を加えると，不揮発性の酸が遊離する。
(　　　)

STEP UP

塩の加水分解

強塩基の塩の水溶液と弱酸の反応は，弱酸の陰イオンの一部が水分子と反応して OH^- を生じるため，弱塩基性を示す。一方，強酸の塩の水溶液と弱塩基の反応は，弱塩基の陽イオンの一部が水分子と反応して H^+ を生じるため，弱酸性を示す。これらの反応を塩の加水分解という。強塩基の塩の水溶液と強酸の反応は，元の酸・塩基の電離度が大きいために加水分解を起こさない。

答えはこちら

47 中和反応における量的関係

中和反応における酸・塩基の量的関係を理解する

❶中和反応においては，酸の価数 × 物質量 = 塩基の価数 × 物質量 が成り立つ
❷中和反応に酸・塩基の強弱や電離度は関係ない

中和反応と物質量

酸と塩基が過不足なく反応して中和する点（中和点）では，以下の関係が成り立つ。

（酸からの〔H^+〕の物質量）=（塩基から生じる〔OH^-〕の物質量）

α 価の酸 1mol は，α mol の〔H^+〕を放出し，また，β 価の塩基 1mol は，β mol の〔OH^-〕を放出することから，以下の関係式が成り立つ。

酸の価数 × 酸の物質量 = 塩基の価数 × 塩基の物質量

この式は，中和反応が完全に進行した際に，反応物と生成物の物質量が等しくなることを表す。例えば，一価の酸が 1mol 反応して一価の塩基と中和する場合，**酸と塩基のモル数は等しくなる。** この関係を利用して，酸や塩基の物質量や濃度を計算することができる。特に，中和点では酸と塩基の物質量が等しくなるため，滴定などの実験において中和点を見きわめる際にはこの関係が非常に重要となる。

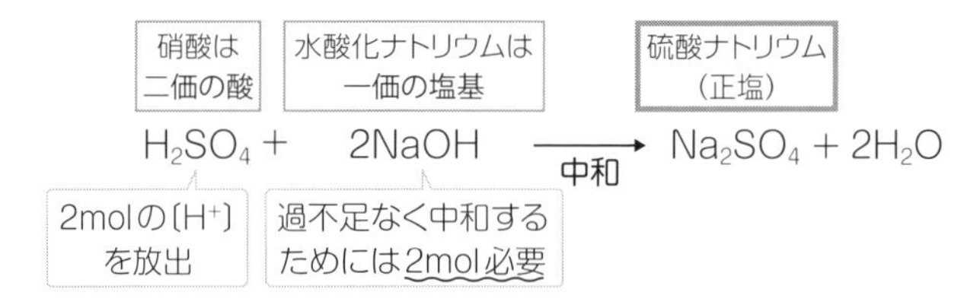

中和反応と体積

濃度 c (mol/L) の α 価の酸 V (L) と，濃度 c' (mol/L) の β 価の塩基 V' (L) が中和したとき，以下の関係式が成り立つ。

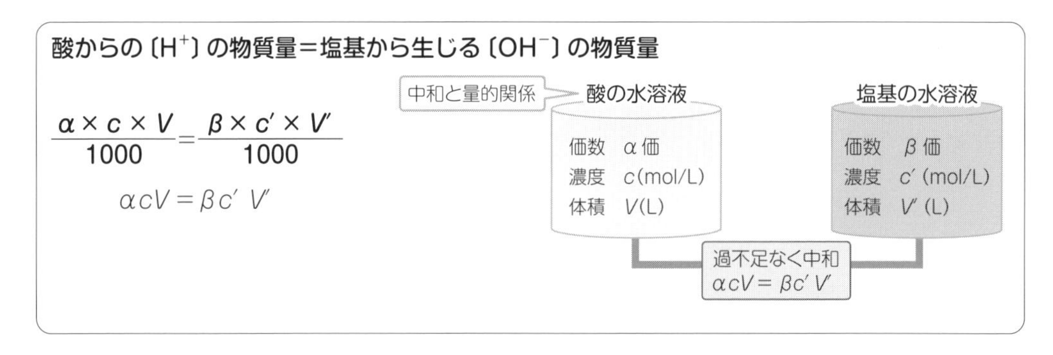

練習問題

1 次の問題に解答しなさい

① 0.10 mol/L $HCl_2$10 mL と過不足なく反応して中和するには，0.20 mol/L NaOH 水溶液は何 mL 必要か求めなさい。

＿＿＿＿＿＿＿＿ mL

② χ mol/L CH_3COOH 水溶液 10.0 mL の中和に 0.100 mol/L NaOH 水溶液 17.6 mL を要した。CH_3COOH 水溶液の濃度は何 mol/L か求めなさい。

＿＿＿＿＿＿＿＿ moL/L

2 中和反応における量的関係に関する次の記述のうち，正しいものはどれか。

(ア) 中和反応において，酸からの〔H^+〕の物質量は塩基から生じる〔OH^-〕の物質量と一致しない。

(イ) 中和点では，酸の価数と酸の物質量の積は塩基の価数と塩基の物質量の積と一致する。

(ウ) 中和反応において，酸や塩基の強弱や電離度は物質量とは関係しない。

(エ) 濃度 c (mol/L) の α 価の酸 V (L) と，濃度 c' (mol/L) の β 価の塩基 V' (L) が中和したとき，$\alpha cV = \beta c'V'$ の関係が成り立つ。

(　　，　　)

3 中和反応における体積に関する次の記述のうち，正しいものはどれか。

(ア) 酸の濃度と体積の積は，塩基の濃度と体積の積と一致する。

(イ) 中和反応では，酸の濃度と塩基の濃度が等しいときに限り，酸と塩基の体積が等しくなる。

(ウ) 中和反応において，酸からの〔H^+〕の物質量と塩基から生じる〔OH^-〕の物質量が一致する。

(エ) 濃度 c (mol/L) の α 価の酸 V (L) と，濃度 c' (mol/L) の β 価の塩基 V' (L) が中和したとき，$\alpha cV = \beta c'V'$ の関係式が成り立つ。

(　　　　)

答えはこちら ⬇

48 中和滴定

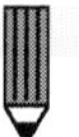

中和滴定とは何かを理解する

❶中和滴定とは，濃度が正確にわかっている酸（または塩基）の水溶液を用いて，濃度がわからない塩基（または酸）の水溶液の濃度を求める操作である。

中和滴定に使用する器具とその用法

器具とその用法

	コニカルビーカー	メスフラスコ	ホールピペット	ビュレット
ガラス器具				
用　途	中和される液を入れる	水溶液を調製するときに正確な容量にする	正確に一定体積の液体を取る	中和する液を入れる
目　盛	正確ではない	正確である		
乾　燥	加熱乾燥　○	加熱乾燥　×…熱による膨張で体積が狂うため自然乾燥		
純水による洗浄後の使用方法	内部が純水で濡れたまま　○		内部が純水で濡れたまま　× …濃度が変わってしまうため共洗い（試薬溶液で洗う）が必要	

中和滴定による酢酸水溶液の濃度決定

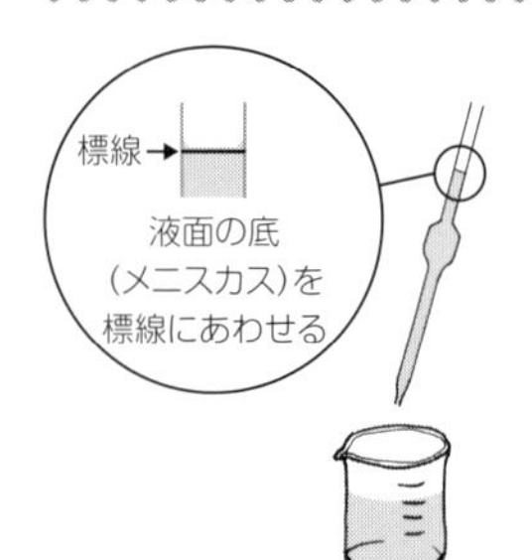

①濃度未知の酢酸水溶液をホールピペットで吸い上げる
※安全ピペッター使用

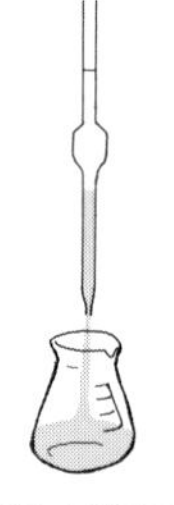

②吸い上げた酢酸水溶液をコニカルビーカーに流し出す

③フェノールフタレイン（指示薬）を2～3滴加える

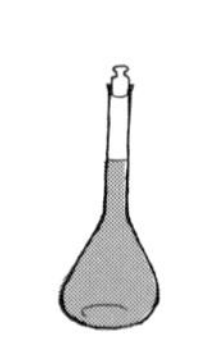

④濃度がわかっている水酸化ナトリウム水溶液をビュレットに入れる
※ロート使用

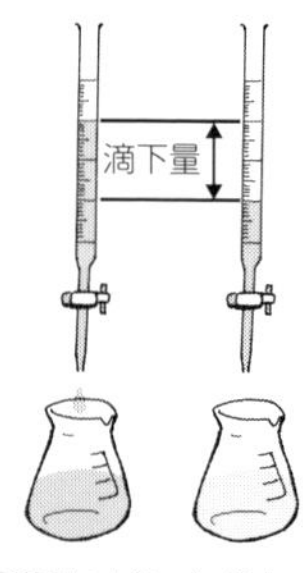

⑤薄いピンク色に変色したら滴下を止めて，ビュレットの最小目盛の1/10まで読み取る

POINT

ここで使用する「濃度がわかっている水酸化ナトリウム溶液」は，濃度が既知であるシュウ酸標準液を用いて中和滴定することで実験当日に正確な濃度を求めてから使用する。

練習問題

1 中和滴定において，酸の標準溶液として一般に使用されるのは次のうちどれか

(ア) 硫酸　　(イ) 塩酸
(ウ) シュウ酸二水和物　　(エ) 水酸化ナトリウム　　(　　　)

2 塩基の標準液として使用しにくい理由は次のうちどれか

(ア) 硫酸と同様に濃度が変化しやすいから
(イ) 空気中の水分を吸収して溶けるため
(ウ) 潮解性が高いため
(エ) 空気中の CO_2 を吸収するため　　(　　　)

3 中和滴定に関する次の記述のうち，正しいものはどれか

(ア) 中和滴定は，濃度がわかっている塩基の水溶液を用いて，濃度がわからない酸の水溶液の濃度を求める操作である。
(イ) 中和滴定には，濃度が変化しやすい硫酸や塩酸が適している。
(ウ) 塩基の標準液としては，濃度が変化しにくい水酸化ナトリウム（NaOH）溶液が一般的に使用される。
(エ) NaOH 水溶液を用いた中和滴定では，直前にシュウ酸標準液を使用して正確な濃度を決める。
(オ) 酸の標準溶液は，通常は塩酸の水溶液を用いて作成される。

(　　　)

STEP UP

酸と塩基の標準溶液

酸の標準溶液

濃度が変化しやすい硫酸や塩酸は標準溶液に適さない。一般に酸の標準溶液にはシュウ酸二水和物 $(COOH)_2 \cdot 2H_2O$ を正確に量り取って溶かした後にメスフラスコにて定容したシュウ酸水溶液を用いる。シュウ酸二水和物は，安定な固体であり，質量を正確に量り取れるからである。

塩基の標準溶液

塩基の代表的な化合物である水酸化ナトリウム NaOH は，空気中の水分を吸収して溶けたり（潮解），空気中の CO_2 を吸収するため濃度が変化するため，標準液としては使用しにくい。そのため，NaOH 水溶液を用いて，濃度がわからない酸を中和滴定するときは，使用直前にシュウ酸標準液を用いて正確な濃度を決めてから使用する。

答えはこちら

49 中和滴定曲線

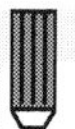

中和滴定曲線を理解する

❶中和滴定で加えた塩基（酸）の体積と滴定中の水溶液の pH 変化との関係を示したグラフを滴定曲線という

❷中和点は急激に pH が変化している範囲の中央付近にある

❸急激な pH 変化のある範囲内に変色域をもつ指示薬を適切に使用しなければ中和点を決めることができない

中和滴定曲線

滴定曲線とは，中和滴定で加えた塩基（酸）の体積と滴定中の水溶液の pH 変化との関係を示している。

強酸と強塩基の中和曲線と指示薬

0.1mol/L 塩酸（強酸）10 mL を 0.1mol/L 水酸化ナトリウム水溶液（強塩基）で滴定すると，中和点は中性付近で，かつ，pH は 3 から 10 に急激に変化する。

➡pH3 ～ pH10 付近に変色域をもつメチルオレンジ（変色域：pH3.1 赤色～ 4.4 黄色）やフェノールフタレイン（変色域：pH8.0 無色～ 9.8 赤色）が使用できる。

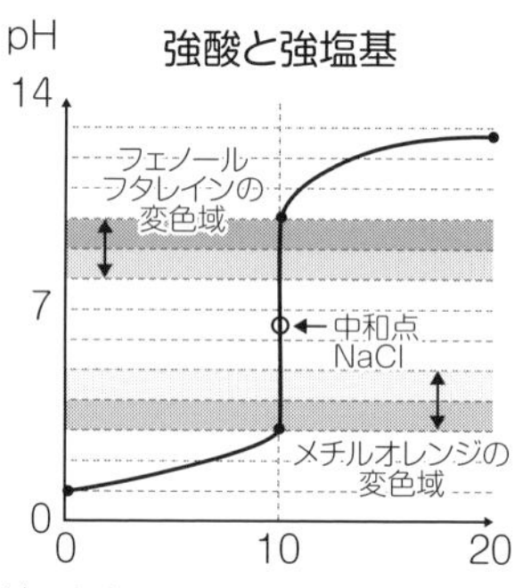

弱酸と強塩基の中和曲線と指示薬

0.1mol/L 酢酸（弱酸）10 mL を 0.1mol/L 水酸化ナトリウム水溶液（強塩基）で滴定した滴定曲線を見ると，滴定開始の pH が塩酸（強酸）に比べて大きく，中和点前後の pH は 7 から 10 で塩基性側に寄っている。

➡フェノールフタレイン（変色域：pH8.0 無色～ 9.8 赤色）が使用できる。pH3 ～ pH10 付近に変色域をもつメチルオレンジ（変色域：pH3.1 赤色～ 4.4 黄色）は中和点の前で変色してしまうので適さない。

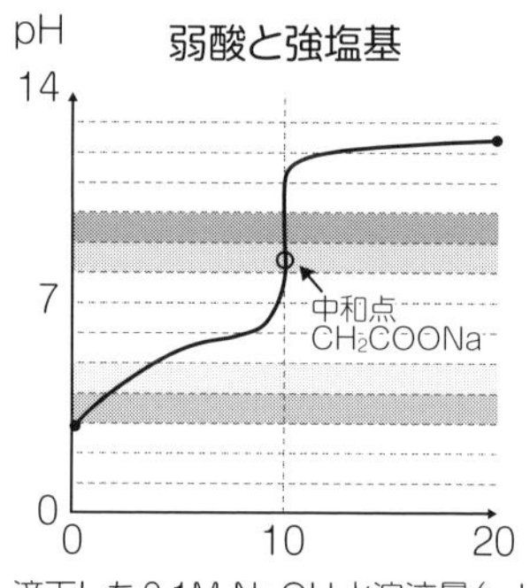

強酸と弱塩基の中和曲線と指示薬

0.1mol/L 塩酸（強酸）10 mL を 0.1mol/L アンモニア水（弱塩基）で滴定した滴定曲線を見ると，中和点前後の pH は 3 から 7 で酸性側に偏っている。

➡pH3 ～ pH10 付近に変色域をもつメチルオレンジ（変色域：pH3.1 赤色～ 4.4 黄色）が使用できる。フェノールフタレイン（変色域：pH8.0 無色～ 9.8 赤色）は中和点の後に変色してしまうので適さない。

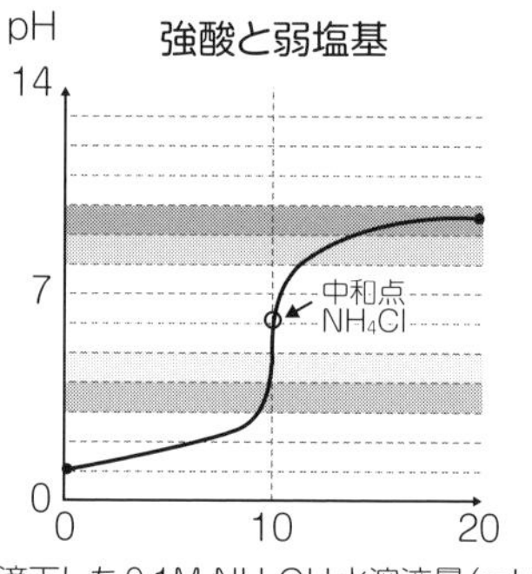

練習問題

1 次の空欄を埋めなさい

- 強酸と強塩基の中和滴定において，中和点を正確に決定するために使用される指示薬は（① ）がもっとも適当である。
- 弱酸と強塩基の中和滴定において，もっとも適切な指示薬は（② ）であり，その理由は中和点の前後で適切に色が変わるからである。
- 強酸と弱塩基の中和滴定において，中和点の前後で適切に色が変わる指示薬は（③ ）である。
- 強酸と強塩基の中和点は（④ ）で，pH は（⑤ ）から（⑥ ）付近にて急激に変化する。
- 弱酸と強塩基の中和点前後のは（⑦ ）から（⑧ ）で塩基性側に寄っている。

STEP UP

ブロモチモールブルー

pH6.0 以下で黄色，pH7.6 以上で青色を呈し，pH6.0 ~ 7.6 で緑色を呈する。黄色から青色への変化が鮮明であることから，滴定終点の確認が平易で，中性付近での酸性・塩基性の判定に適している。

中和による水溶液の性質変化

中和する酸と塩基の組み合わせで中和点の pH が異なるのは，中和で生じる塩の水溶液の性質によるものである。
弱酸と弱塩基の塩の水溶液では，酸または塩基の比較的強い方の性質が現れる。

答えはこちら ⬇

50 酸化と還元

酸化と還元の定義を理解する

酸化と還元は物質において酸素原子・水素原子・電子の移動が起こる反応で，同時に起こる。これを酸化還元反応という。

❶酸化とは，酸素原子を得る，水素原子を失う，電子を失う，反応である
❷還元とは，酸素原子を失う，水素原子を得る，電子を得る，反応である
❸酸化と還元は同時に起こる 1 対の反応である。つまり，酸化（還元）された原子があれば，還元（酸化）された原子もある
❹反応した物質目線からは，「酸化された」「還元された」と受け身で表す

酸素の動き

銅 Cu 粉末を空気中で加熱したときの反応

酸　化（Cu → CuO）

$$2Cu + O_2 \longrightarrow 2CuO$$

還　元（O_2 → CuO）

銅は酸素と反応するので酸化されており，酸化銅（Ⅱ）ができる。一方，酸素は還元されている。

この酸化銅（Ⅱ）に水素を通じると銅に戻る

酸　化（H_2 → H_2O）

$$CuO + H_2 \longrightarrow H_2O + Cu$$

還　元（CuO → Cu）

酸化銅は銅に戻るので還元されている。一方，水素は酸化されている。

水素の動き

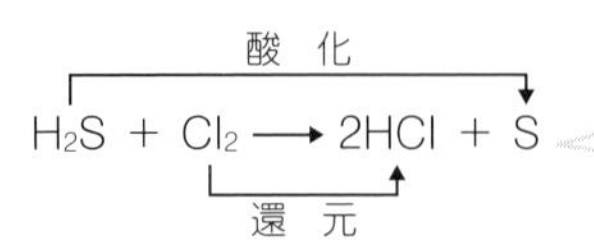

この反応では酸素は関与していないが，硫化水素が水素原子を失っているので，酸化され，塩素は水素原子を得たので還元されている。

電子の動き

銅と酸化銅の反応の場合

$2Cu \rightarrow 2Cu^{2+} + 4e^-$
$O_2 + 4e^- \rightarrow 2O^{2-}$

$$2Cu + O_2 \longrightarrow 2CuO$$

$2e^-$（Cu → CuO）

Cu が電子 e^- を与えて，O_2 が電子を受け取っている。

電子の動きに着目すると，酸素や水素が関与しない場合の酸化還元反応でも定義できる。
この場合，Cu は電子を与えているので還元されており，塩素は電子を受け取っているので酸化されていることがわかる。このように，酸化還元反応は電子の授受で定義できる。

$Cu \rightarrow Cu^{2+} + 2e^-$
$Cl_2 + 2e^- \rightarrow 2Cl^-$

$$Cu + Ol_2 \longrightarrow CuCl_2$$

$2e^-$（Cu → $CuCl_2$）

練習問題

1 次の空欄を埋めなさい

● $H_2S + I_2 \rightarrow S + 2HI$　の反応について
この反応は（①　　　　）は関与していないが，（②　　　　　　　　）である。硫化水素は（③　　　　）原子を失ったため，（④　　　　）され，一方ヨウ素は（⑤　　　　）原子を受けとったため，（⑥　　　　）された。

2 次の下線がついた物質が酸化されたか還元されたかを答えなさい

① $2\underline{Mg} + O_2 \rightarrow 2MgO$　（　　　　　）

② $2H_2S + \underline{SO_2} \rightarrow 2H_2O + 3S$　（　　　　　）

③ $2HI + \underline{Cl_2} \rightarrow 2HCl + I_2$　（　　　　　）

④ $2\underline{Al} + Fe_2O_3 \rightarrow Al_2O_3 + 2Fe$　（　　　　　）

STEP UP

酸化と還元を見分けるポイント

	酸素（を）	水素（を）	電子 e^-（を）
酸化	受け取る	失う	失う
還元	失う	受け取る	受け取る

答えはこちら ⬇

51 酸化数

酸化数とは何か，また酸化数の決め方を理解する

❶酸化還元反応は酸化数を用いて考えることができる
❷酸化数を用いると，酸化還元反応が定義できる

 酸化数を求める手順

1 単体の原子の酸化数は「0」とする。
　※化合物の場合は下記とし，原子の酸化数の総和が0あるいは電荷となるようにする。
2 水素の酸化数は「＋1」，ただし金属水化物では「－1」とする。
3 酸素の酸化数は「－2」，ただし過酸化水素などの過酸化物は「－1」とする。
4 単原子イオンの原子の酸化数は，イオンの電荷と等しい。
5 原子の酸化数の和は「0」である。
6 多原子イオンの原子の酸化数の総和は，そのイオンの電荷と等しい。

 酸化数を求める手順に対応した例

1 H_2，O_2，Cl_2，Na，Cuの酸化数はすべて「0」
2 H_2O，HCl，NH_3のHは「＋1」，NaH，CaHなどの金属水化物のHは「－1」
3 H_2O，CO_2のOは「－2」，H_2O_2，Na_2O_2のOは「－1」
4 O^{2-}は「－2」，Cl^-は「－1」，Na^+は「＋1」，Cu^{2+}は「＋2」
5 H_2SのSの酸化数をχとおくと，

$$H_2S \longrightarrow (+1)\times2+\chi=0$$
$$\chi=-2$$

（H_2：$(+1)\times2$，S：χ）　総和は「0」になる

6 SO_4^{2-}のSの酸化数をχとおくと，

$$SO_4^{2-} \longrightarrow \chi+(-2)\times4=-2$$

（S：χ，O_4：$(-2)\times4$）　多原子イオンの原子の酸化数の総和は，イオン電荷とイコールになる

よって，Sの酸化数は＋6となる。

上記の手順で酸化数が求められない場合は，下記を参考にする。

- H，Li，Na，Kなどの1族元素の酸化数は「＋1」
- Be，Mg，Ca，Sr，Baなどの2族元素の酸化数は「＋2」
- F，Cl，Br，Iなどの17元素の酸化数は「－1」
- SO_4^{2-}の酸化数はまとめて「－2」，NO_3は「－1」

練習問題

1 次の空欄を埋めなさい

- NH_3 では，H の酸化数は（①　　　）であり，それが 3 原子あるので，化合物の酸化数の総和が（②　　　）であることから，N の酸化数は（③　　　）である。
- NO_2 では，O の酸化数は（④　　　）であり，それが 2 原子あるので，N の酸化数は（⑤　　　）である。
- N_2 は単体のため，N の酸化数は（⑥　　　）である。
- NO_3^- では O の酸化数は（⑦　　　）であり，それが 3 原子ある。化合物の酸化数の総和は（⑧　　　）になるので，N の酸化数は（⑨　　　）である。

2 次の化学式の下線がついている原子の酸化数を答えなさい

① $\underline{Na}$　（　　　）
② $\underline{Na}_2O$　（　　　）
③ $\underline{Mn}O_2$　（　　　）
④ MnO_4^-　（　　　）
⑤ $\underline{H}_2S$　（　　　）
⑥ $H_2\underline{S}O_4$　（　　　）
⑦ $\underline{S}O_3$　（　　　）
⑧ $\underline{S}O_3^{2-}$　（　　　）
⑨ $\underline{Cu}SO_4$　（　　　）
⑩ $\underline{Cu}(NO_3)_2$　（　　　）

答えはこちら ↓

52 酸化数と酸化・還元

酸化数の変化から酸化と還元を判断できるようにする

これまでは，酸化と還元を酸素，水素，電子の移動で判断し，さらに物質の酸化数を理解した。ここでは酸化数を用いて酸化と還元を判断する方法を理解する。

❶酸化数の増加は酸化されたことを，酸化数の減少は還元されたことを意味する

❷1つの反応で起こる酸化数の増加の総和と減少の総和は常に等しい

酸化数の変化

酸化数の変化について，以下のことが成り立つ。

酸化数の**増加** ＝ 電子を**失う** ＝ **酸化**された
酸化数の**減少** ＝ 電子を**受け取る** ＝ **還元**された

➡つまり，物質が酸化・還元されたかは，**物質中の原子の酸化数の増減**をみればよい。

化学反応式から酸化数の変化をとらえる

銅と酸素の反応➡銅と酸素の反応では，酸化銅（Ⅱ）を生成する。

$$2Cu + O_2 \longrightarrow 2CuO$$

減少（O：0 → −2）
酸化数：Cu 0，O 0 → Cu +2，O −2
増加（Cu：0 → +2）

このときの銅の酸化数は0から＋2へ増加しており，一方で酸素は0から－2へ減少している。よって，銅は酸化され，酸素は還元されている。

ヨウ化カリウムと塩素の反応➡ヨウ化カリウム（KI）と塩素の反応では，塩化カリウムとヨウ素が生成される。

$$2KI + Cl_2 \longrightarrow KCl + I_2$$

減少（Cl：0 → −1）
酸化数：K +1，I −1，Cl 0 → K +1，Cl −1，I 0
増加（I：−1 → 0）

ヨウ化物イオンI^-は－1から0へ増加し，塩素は0から－1へ減少しているので，それぞれ酸化，還元されている。

練習問題

1 次の空欄を埋めなさい

- 酸化数の（①　　　　）は，原子が電子を失ったことを示し，酸化数の（②　　　　）は電子を受け取ったことを示す。
- Zn → $ZnSO_4$ において，Zn の酸化数は（③　　　　）から（④　　　　）に変化しているので，Zn は（⑤　　　　）された。

2 次の化学式の下線がついている原子の酸化数の変化を答え，その増減から酸化・還元を判定しなさい

① <u>Cu</u>O + H_2 → Cu + H_2O　（　→　）（　　　　）

② 2KI + <u>Br</u>$_2$ → 2K<u>Br</u> + I_2　（　→　）（　　　　）

③ 2<u>C</u>O + O_2 → 2<u>C</u>O_2　（　→　）（　　　　）

④ H_2S + <u>I</u>$_2$ → S + 2H<u>I</u>　（　→　）（　　　　）

⑤ <u>S</u>O_2 + H_2O → H_2<u>S</u>O_3　（　→　）（　　　　）

⑥ <u>Cu</u> + 2AgNO_3 → <u>Cu</u>$(NO_3)_2$ + 2Ag　（　→　）（　　　　）

⑦ <u>Zn</u> + CuSO_4 → <u>Zn</u>SO_4 + Cu　（　→　）（　　　　）

答えはこちら ↓

53 酸化剤と還元剤

酸化剤と還元剤がどのように働くかを理解する

酸化剤と還元剤の役割を理解するとともにそれぞれの反応を整理する。
❶酸化剤は，相手を酸化し，自身は還元される。酸化数が減少する
❷還元剤は，相手を還元し，自身は酸化される。酸化数が増加する
❸酸化剤は相手から電子を奪い，還元剤は相手に電子を与える

酸化剤と還元剤

ヨウ化カリウム水溶液に塩素を反応させると，ヨウ素が遊離するため透明な液体から褐色液に変化する。

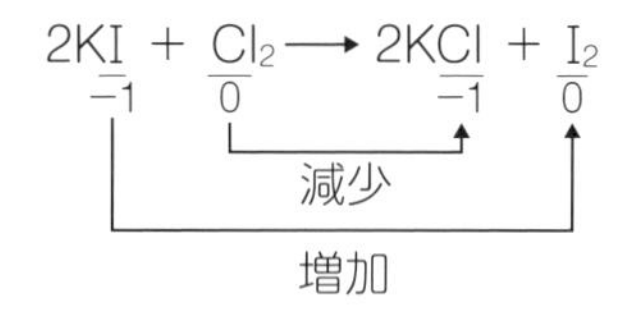

このときに酸化剤として働くのは，酸化数が 0 から − 1 に減少している塩素となる。相手を酸化し，自身は還元されている。
ヨウ化カリウムのヨウ素原子は，− 1 から 0 に増加しているので，酸化されている。つまり相手を還元しているので還元剤として働いている。

酸化剤にも還元剤としても働く物質

過酸化水素(H_2O_2)や**二酸化硫黄**(SO_2)を覚えておく。過酸化水素は，基本的に酸化剤として働くが，過マンガン酸カリウム($KMnO_4$)などの強い酸化剤と反応させた場合は，還元剤として働く。
二酸化硫黄は，通常は還元剤として働くが，硫化水素(H_2S)との反応では酸化剤として働く。

POINT

身近な酸化剤・還元剤

私たちの身の回りには多くの酸化剤や還元剤がある。洗剤だけではなく食品にも利用されている。漂白剤やトイレ用洗剤では，反応させると有毒な塩素が発生してしまうので，混ぜてはいけない。また，食品ではペットボトルのお茶に亜硫酸塩やビタミン C が添加されることがある。これらは食品の酸化を防ぐための還元剤として使用されている。

練習問題

1 次の空欄を埋めなさい

- 酸化剤は，相手を（①　　　　　）させ，自身は（②　　　　　）され，電子を（③　　　　　）。
- 酸化剤としても還元剤としても働く物質には，（④　　　　　　　　　　）などがある。

2 次の文章で，正しいものには○，間違っているものには×をつけなさい

① 酸化剤は，自身の酸化数が減少する。（　　）

② ヨウ化カリウム水溶液に酸化剤を加えるとヨウ素が遊離し，透明から褐色の溶液になる。（　　）

③ 塩酸を主成分とするトイレ用洗剤と，次亜塩素酸ナトリウムを主成分とする塩素系漂白剤を混ぜると塩素が発生し危険である。（　　）

④ 過酸化水素は通常では還元剤として働く。（　　）

⑤ 二酸化硫黄は，硫化水素水と反応させると還元剤として働く。（　　）

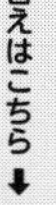

54 酸化剤の半反応式

酸化剤の半反応式を理解する

酸化剤は，電子を受け取る，相手を酸化する，自身は還元される，酸化数が減少する原子を含む，といった特徴がある。これらの働きを示す式は，電子を用いて表す。

酸化剤の半反応式

例；過マンガン酸カリウム（$KMnO_4$）の半反応式を作成する

1 $MnO_4^- \rightarrow \mathbf{Mn^{2+}}$

過マンガン酸カリウムは硫酸酸性条件にて強い酸化剤として働き，自身は還元されて Mn^{2+}ができる。生成物を覚えておく。

2 $MnO_4^- \rightarrow Mn^{2+} + \mathbf{4H_2O}$

左右を見て酸素原子の数を合わせるために，水（H_2O）にて調整する。

3 $MnO_4^- + \mathbf{8H^+} \rightarrow Mn^{2+} + 4H_2O$

次に，水素原子の数を合わせるために，H^+を左辺に加える。

4 $MnO_4^- + 8H^+ + \mathbf{5e^-} \rightarrow Mn^{2+} + 4H_2O$

最後に，両辺の電荷が同じになるように，電子 e^-を加えると反応式が完成する。

最後の確認として，酸化数の変化と電子数が正しいかを確認しておく。この反応で Mn の酸化数は＋ 7 から＋ 2 に減少しているため，電子が 5 個分還元されていることがわかる。反応式の電子数も，$5e^-$となっており，酸化数の変化と一致している。

あらためて整理すると以下のようになる。

1 酸化剤がどのように変化するかを書く

2 両辺を比較し，酸素の過不足を，水 H_2O で調節する

3 両辺を比較し，水素の過不足を，水素イオン H^+を加えて調節する

4 両辺を比較し，電荷の過不足を，電子 e^-を加えて調節する

練習問題

1 次の反応で，酸化剤として働いている物質の化学式を書きなさい

① $SO_2 + I_2 + 2H_2O \rightarrow H_2SO_4 + 2HI$ （　　　）

② $Cl_2 + 2KBr \rightarrow 2KCl + Br_2$ （　　　）

③ $Zn + 2HCl \rightarrow H_2 + ZnCl_2$ （　　　）

④ $H_2O_2 + 2KI \rightarrow I_2 + 2KOH$ （　　　）

2 次の物質の酸化剤としての半反応式を完成させなさい

① 過マンガン酸カリウム ($KMnO_4$)

② 過酸化水素 (H_2O_2)

③ 塩素 (Cl_2)

STEP UP

代表的な酸化剤の半反応式

酸化剤	半反応式
オゾン	$\underline{O_3} + 2H^+ + 2e^- \rightarrow \underline{O_2} + H_2O$
過酸化水素※	$\underline{H_2O_2} + 2H^+ + 2e^- \rightarrow \underline{2H_2O}$ $\underline{H_2O_2} + 2e^- \rightarrow \underline{2OH^-}$
塩素	$\underline{Cl_2} + 2e^- \rightarrow \underline{2Cl^-}$
濃硝酸	$\underline{HNO_3} + H^+ + e^- \rightarrow \underline{NO_2} + H_2O$
希硝酸	$\underline{HNO_3} + 3H^+ + 3e^- \rightarrow \underline{NO} + 2H_2O$
熱濃硫酸	$\underline{H_2SO_4} + 2H^+ + 2e^- \rightarrow \underline{SO_2} + 2H_2O$
過マンガン酸カリウム	$\underline{MnO_4^-} + 8H^+ + 5e^- \rightarrow \underline{Mn^{2+}} + 4H_2O$
二クロム酸カリウム	$\underline{Cr_2O_7^{2-}} + 14H^+ + 6e^- \rightarrow \underline{2Cr^{3+}} + 7H_2O$
二酸化硫黄※	$\underline{SO_2} + 4H^+ + 4e^- \rightarrow \underline{S} + 2H_2O$
次亜塩素酸ナトリウム	$\underline{ClO^-} + 2H^+ + 2e^- \rightarrow \underline{Cl^-} + H_2O$

下線の物質は覚えておくこと！

※過酸化水素と二酸化硫黄は**還元剤**としても働く

答えはこちら ⬇

55 還元剤の半反応式

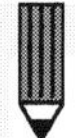

還元剤の半反応式を理解する

酸化剤にも還元剤にもなる物質もあるため，反応する物質によって，酸化・還元の役割は違ってくる。手順は，酸化剤の半反応式と同様に作成する。

還元剤の半反応式

例；還元剤としても酸化剤としても働く二酸化硫黄（SO_2）だが，ここでは還元剤としての働きを示す式を例に半反応式を作成する

1 $SO_2 \rightarrow \mathbf{SO_4^{2-}}$

SO_2 は還元剤として働くとき，自身は酸化されるので，硫酸イオン SO_4^{2-} に変化する

2 $SO_2 + \mathbf{2H_2O} \rightarrow SO_4^{2-}$

酸素原子の数を合わせるために，左辺に H_2O を加える

3 $SO_2 + 2H_2O \rightarrow SO_4^{2-} + \mathbf{4H^+}$

次に水素の数を合わせるために H^+ を右辺に加える

4 $SO_2 + 2H_2O \rightarrow SO_4^{2-} + 4H^+ + \mathbf{2e^-}$

最後に電荷 e^- にて調整する

SO_2 から SO_4^{2-} の酸化数の変化は，＋2なので，電子2個分を与えていることがわかる。右辺の電荷 $2e^-$ と一致する。

練習問題

1 次の反応で，還元剤として働いている物質の化学式を書きなさい

① $SO_2 + I_2 + 2H_2O \rightarrow H_2SO_4 + 2HI$ (　　　)

② $CuO + H_2 \rightarrow Cu + H_2O$ (　　　)

③ $Mg + 2HCl \rightarrow MgCl_2 + H_2$ (　　　)

④ $H_2O_2 + 2KI + H_2SO_4 \rightarrow K_2SO_4 + I_2 + 2H_2O$ (　　　)

2 次の物質の還元剤としての半反応式を完成させなさい

① シュウ酸（H_2C_2O）

② 過酸化水素（H_2O_2）

③ 二酸化硫黄（SO_2）

STEP UP

代表的な還元剤の半反応式

還元剤	反応式
シュウ酸	$\underline{H_2C_2O_4} \rightarrow \underline{2CO_2} + 2H^+ + 2e^-$
過酸化水素※	$\underline{H_2O_2} \rightarrow \underline{O_2} + 2H^+ + 2e^-$
水素	$\underline{H_2} \rightarrow \underline{2H^+} + 2e^-$
塩化スズ（Ⅱ）	$\underline{Sn^{2+}} \rightarrow \underline{Sn^{4+}} + 2e^-$
二酸化硫黄※	$\underline{SO_2} + 2H_2O \rightarrow \underline{SO_4^{2-}} + 4H^+ + 2e^-$
硫化水素	$\underline{H_2S} \rightarrow \underline{S} + 2H^+ + 2e^-$
ヨウ化カリウム	$\underline{2I^-} \rightarrow \underline{I_2} + 2e^-$
硫酸鉄（Ⅱ）	$\underline{Fe^{2+}} \rightarrow \underline{Fe^{3+}} + e^-$
チオ硫酸ナトリウム	$\underline{2S_2O_3^{2-}} \rightarrow \underline{S_4O_6^{2-}} + 2e^-$

下線の物質は覚えておくこと！

※過酸化水素と二酸化硫黄は**酸化剤**としても働く

答えはこちら⬇

56 酸化還元反応式のつくり方

酸化還元反応式は，酸化剤の半反応式と還元剤の半反応式からつくることができる

❶半反応式のつくり方について理解しておく（53～55）
❷酸化剤が受け取る電子の数と，還元剤が与える（失う）電子が等しくなるように反応式をつくる

酸化還元反応式の作成手順

例；硫酸酸性溶液（H_2SO_4）での過マンガン酸カリウム（$KMnO_4$）と過酸化水素水（H_2O_2）との酸化還元反応

1 酸化剤 → $KMnO_4$，還元剤 → H_2O_2

それぞれの半反応式からイオン反応式をつくると…

酸化剤 $MnO_4^- + 8H^+ + 5e^- \rightarrow Mn^{2+} + 4H_2O$ ×2
還元剤 $H_2O_2 \rightarrow O_2 + 2H^+ + 2e^-$ ×5

酸化剤 $2MnO_4^- + \cancel{16}H^+ + \cancel{10}e^- \rightarrow 2Mn^{2+} + 8H_2O$
+） 還元剤 $5H_2O_2 \rightarrow 5O_2 + \cancel{10}H^+ + \cancel{10}e^-$

「酸化剤が受け取る電子の数＝還元剤が与える（失う）電子」なので，酸化剤の式を2倍，還元剤の式を5倍し，電子 e^- の授受を10にする。

2 イオン反応式 $2MnO_4^- + 6H^+ + 5H_2O_2 \rightarrow 2Mn^{2+} + 8H_2O + 5O_2$

イオン反応式から化学反応式にする

反応物に着目し，省略していたイオンの $2K^+$ と $3SO_4^{2+}$ をそれぞれに加える。

$2KMnO_4$ 由来のイオン
$3H_2SO_4$ 由来のイオン

$2MnO_4^- + 6H^+ + 5H_2O_2 \rightarrow 2Mn^{2+} + 8H_2O + 5O_2$

$2SO_4^{2-}$ と反応する

+） $2K^+$ $3SO_4^{2-}$ $2K^+$ $3SO_4^{2-}$ → 残った $2K^+$ と SO_4^{2-} が反応する

3 化学反応式 $2KMnO_4 + 3H_2SO_4 + 5H_2O_2 \rightarrow 2MnSO_4 + 8H_2O + 5O_2 + K_2SO_4$

POINT

酸化還元反応式のつくり方

1 電子を消去する：酸化剤と還元剤のそれぞれの半反応式で，e^- の数が等しくなるようにし，式をあわせる。

2 イオン調整：省略していたイオンを加えて化学式をつくる。

3 イオン調整：残りのイオンを加えて化学式をつくる。

練習問題

1 次の問題に解答しなさい

ニクロム酸カリウム $K_2Cr_2O_7$ を希硫酸に溶かした水溶液と，過酸化水素水との酸化還元反応について，① と ② に答えなさい。

① イオン反応式で表しなさい。

② 化学反応式で表しなさい。

答えはこちら↓

57 酸化剤・還元剤の量的関係

既知濃度の酸化剤（還元剤）から未知濃度の還元剤（酸化剤）の濃度の求め方を理解する

❶ 酸化剤と還元剤の反応は，酸化剤が受け取る電子の数と還元剤が出す電子の数が等しいことを利用し，酸化剤もしくは還元剤の水溶液の濃度を決めることができる。

❷ このように酸化還元反応を利用して未知の水溶液の濃度を滴定によって求める方法を酸化還元滴定という

酸化還元滴定の計算

①酸化剤と還元剤のそれぞれの半反応式を作成する。

②電子の数に着目して，酸化剤が受け取る電子の総物質量＝還元剤が失う電子の総物質量が成り立つ式を作成して未知の濃度を求める。

● 過マンガン酸カリウム（$KMnO_4$）の濃度を求めるために，シュウ酸（$H_2C_2O_4$）標準液を用いる。濃度 c（mol/L）の過マンガン酸カリウム水溶液 v（ml）と c'（mol/L）のシュウ酸標準溶液 v'（ml）が過不足なく反応することを用いる。
まず，酸化剤と還元剤の半反応式は下記のように表すことができる。

酸化剤　$MnO_4^- + 8H^+ + 5e^- \rightarrow Mn^{2+} + 4H_2O$

還元剤　$H_2C_2O_4 \rightarrow 2CO_2 + 2H^+ + 2e^-$

電子の**物質量**に着目すると，酸化剤 1 mol は 5 mol の電子，還元剤 1 mol は 2 mol の電子を授受していることになる。

そこで，次式が成り立つ。

$$c \times v/1{,}000 \times 5 = c' \times v'/1{,}000 \times 2$$

➡ この式に与えられた濃度や溶液量を当てはめて，未知の濃度を求める。

酸化還元滴定で覚えておくべき物質

過酸化水素水：H_2O_2，シュウ酸：$H_2C_2O_4$，過マンガン酸カリウム：$KMnO_4$，ヨウ素：I_2

※これらは，酸化還元滴定ではよく使用されるので半反応式を作成できるようにしておく。

$c \times v/1000 \times$ 受け取る電子の物質量 $= c' \times v'/1{,}000 \times$ 与える電子の物質量

〈酸化剤の濃度 c（mol/L），水溶液 v（mL），還元剤の濃度 c'（mol/L），水溶液 v'（mL）〉

練習問題

1 次の空欄を埋めなさい

- 酸化還元反応を利用して，未知の濃度の酸化剤もしくは還元剤の水溶液の濃度を滴定によって求める操作を（①　　　　　）という。
- 酸化剤と還元剤の反応は，過不足なく反応するとして，授受する（②　　　）の物質量が等しい。
- 過酸化水素水の濃度の決定では，既知の濃度の $KMnO_4$ を用いる。この反応では，過酸化水素水は（③　　　　）として，$KMnO_4$ は（④　　　　）として働く。それぞれの物質が受け取るもしくは失う電子の物質量は等しいことから，次の式が成り立つ。

　（⑤　　　）× $KMnO_4$ の物質量 ＝（⑥　　　）× H_2O_2 の物質量

2 未知濃度の過酸化水素水 10 mL に硫酸を加え，0.0600 mol/L の過マンガン酸カリウム水溶液で 10.0 mL 滴下したときに水溶液の赤紫色が消えなくなった。この過酸化水素水のモル濃度を求めなさい

mol/L

STEP UP

シュウ酸二水和物は滴定に便利

中和滴定でも便利な試薬であるシュウ酸二水和物は酸化還元滴定でも用いられる。安定した試薬であり，潮解などが起こらないため，正確に秤量できて正確な濃度に調製できる。また，滴定の基本操作として，標準液の作成方法や，実験器具の使い方は重要である。

答えはこちら↓

58 金属のイオン化傾向

イオン化傾向の大きな金属の特徴を知り，空気，水や酸との反応を理解する

❶水溶液中で，金属が電子を失い，陽イオンになろうとする性質を「金属のイオン化傾向」という
❷金属をイオン化傾向の大きいものから並べたものを「金属のイオン化列」という
❸イオン化傾向の大小により反応性，還元力，酸化のされやすさが異なる

イオン化傾向	反応性	電　子	還元力	酸　化
大きい	大きい	失いやすい	強い	されやすい
小さい	小さい	失いづらい	弱い	されにくい

金属のイオン化傾向

金属のイオン化列➡金属イオン化列は覚えておく。この順番が反応の有無を考えるうえで重要。

Li ＞ K ＞ Ca＞Na＞Mg＞Al＞Zn＞Fe＞Ni＞Sn＞Pb＞(H_2)＞Cu＞Hg＞Ag＞Pt＞Au
リッチに貸そうか　な　ま　あ　あ　て　に　すんな　ひ　ど　す　ぎる　借　金

例；亜鉛（Zn）を酸性の水溶液に入れたときの反応

金属と水溶液中のイオン（この反応では亜鉛 Zn^{2+} と水素イオン H^+）のどちらのイオン化傾向が大きいかを考える。

$$\left.\begin{array}{l} Zn \rightarrow Zn^{2+} + 2e^- \\ 2H^+ + 2e^- \rightarrow H_2 \end{array}\right\} Zn + 2H^+ \rightarrow Zn^{2+} + H_2$$

金属のイオン化列では水素より亜鉛の方がイオン化傾向が大きく，陽イオンになりやすい。亜鉛は電子を失い陽イオン Zn^{2+} になり，電子を水素イオン H^+ が受け取り水素 H_2 となる。

亜鉛のほかにも，塩酸などの酸性溶液中で陽イオンになりやすい金属には，マグネシウムや鉄があげられる。一方で，水素よりもイオン化傾向が小さい銅や銀などでは，反応は起こらない。しかし，硝酸や熱濃硫酸（濃硫酸を加熱したもの）のように強い酸とは反応して溶ける。

$$Cu + 2H_2SO_4 \rightarrow CuSO_4 + SO_2 \uparrow + 2H_2O$$

この式のように，銅は熱濃硫酸と反応して二酸化硫黄を生じる。

金属の反応性➡金属の単体はイオン化傾向の性質から空気・水・酸との反応性が異なる。イオン化傾向が大きいと反応性に富むので，空気中でも酸素と化合して酸化物になりやすい。イオン化傾向の小さい銀や白金，金などは非常に酸化されにくいため，光沢が保たれる（**STEP UP** 参照）。

練習問題

1 次の空欄を埋めなさい

- 水素よりもイオン化傾向の小さいものは，Ca，Pb，Cu，Zn，Li のうち，(① 　　)である。
- 塩化銅(Ⅱ) $CuCl_2$ の水溶液に鉄板と白金板をそれぞれ浸したときには，(② 　　)には何の反応も起こらないが，(③ 　　)は表面に(④ 　　)が析出する。鉄は銅より(⑤ 　　)が大きいが，白金は銅よりも(⑥ 　　)が小さいためである。この反応では，(⑦ 　　)の原子は2個の電子を失い，(⑧ 　　)となり，溶液中に溶け出している。
- 硝酸銀 $AgNO_3$ 水溶液に銅線を入れると，変化が(⑨ 　　)。一方で，硝酸銅(Ⅱ)水溶液に銅線を入れると，変化が(⑩ 　　)。変化が起きた反応では，銅線の周りに(⑪ 　　)が析出する。この反応が起きたのは，金属のイオン化傾向が(⑫ 　　) > (⑬ 　　)のためである。

2 次の水溶液と金属の組み合わせの反応をイオン式で示しなさい

① 硝酸銀 $AgNO_3$ 水溶液と鉄 Fe

② 酢酸鉛 $Pb(CH_3COO)_2$ 水溶液と鉄 Fe

STEP UP

金属の反応性

金属	Li	K	Ca	Na	Mg	Al	Zn	Fe	Ni	Sn	Pb	Cu	Hg	Ag	Pt	Au
乾燥空気との反応	速やかに酸化				徐々に酸化(加熱により酸化)		湿った空気中で徐々に酸化(強熱により酸化)						変化なし			
水との反応	常温で反応				高温で水蒸気と反応			変化なし								
酸との反応	希酸と反応して水素を発生											酸化作用の強い酸と反応			王水*と反応	

金属のイオン化傾向は，イオン化エネルギーとは異なる

＊濃硝酸と濃硫酸を体積比 1：3 で混合した溶液

答えはこちら⬇

59 単位について

化学で使用する単位について理解する（33 参照）

（33 参照）

化学では様々な単位が使用される。

❶ 物質量は，モル（mol）＝粒子（原子・分子 など）の数／6.02×10^{23}
❷ 質量は，グラム（g）を用いる
❸ パーセント（%）で濃度を表す方法は 3 種類ある
❹ モル濃度（mol/L）は，溶液 1L 中に含まれるよう質の物質量（mol）のこと
❺ 単位は乗除ができる
　モル濃度（mol/L）× 体積（L）＝物質量（mol）

パーセント（%）で濃度を表す方法

① **質量パーセント濃度（w/w）%**＝水溶液 1g 当たりに含まれる溶質の質量 × 100
② **質量体積パーセント濃度（w/v）%**＝水溶液 1mL 当たりに含まれる溶質の質量 × 100
③ **体積パーセント濃度（v/v）%**＝水溶液 1mL 当たりに含まれる溶質の体積 × 100

いろいろな単位

単位➡密度（g/cm³）・体積（L）・モル濃度（mol/L）・質量体積パーセント（%（g/L））

いろいろな単位で物質の量や濃度を表すことができる。

例；10%塩化ナトリウム水溶液をモル濃度（mol/L）で表す。

$$0.10\ \text{g/mL} \div 58.5\ \text{g/mol}$$

$$= \frac{0.10}{58.5}\frac{\cancel{\text{g}} \cdot \text{mol}}{\text{mL} \cdot \cancel{\text{g}}}$$

（塩化ナトリウムの式量）

$$= \frac{0.10}{58.5}\ \text{mol/mL}$$

（1mL 中の mol 数）

$$= \frac{0.10}{58.5}\ \text{mol/mL} \times 1{,}000$$

（1L 当たりにする）

$$= \frac{100}{58.5}\ \text{mol/L} = 1.709\ \text{mol/L} = 1.71\ \text{mol/L}$$

練習問題

1 次の問題の解答を求めなさい

① 0.14 mol/L の食塩（NaCl）水 100 mL 中には何 mol の NaCl が含まれているか求めなさい。

_______________ mol

② メタノール（CH_3OH）のモル濃度を求めなさい。
メタノール密度：0.792 g/cm^3

_______________ mol/L

③ 塩酸（HCl）質量パーセント濃度 36（w/w）%のモル濃度を求めなさい。
塩酸密度：1.18 g/cm^3

_______________ mol/L

答えはこちら ⬇

元素周期表

原子番号 — 1 H 水素 1.008 — 元素記号・元素名・原子量

気体　液体　固体　不明

周期＼族	1	2	3	4	5	6	7	8	9	10	11	12	13	14	15	16	17	18
1	1 H 水素 1.008																	2 He ヘリウム 4.003
2	3 Li リチウム 6.941	4 Be ベリリウム 9.012											5 B ホウ素 10.81	6 C 炭素 12.01	7 N 窒素 14.01	8 O 酸素 16.00	9 F フッ素 19.00	10 Ne ネオン 20.18
3	11 Na ナトリウム 22.99	12 Mg マグネシウム 24.31											13 Al アルミニウム 26.98	14 Si ケイ素 28.09	15 P リン 30.97	16 S 硫黄 32.07	17 Cl 塩素 35.45	18 Ar アルゴン 39.95
4	19 K カリウム 39.10	20 Ca カルシウム 40.08	21 Sc スカンジウム 44.96	22 Ti チタン 47.87	23 V バナジウム 50.94	24 Cr クロム 52.00	25 Mn マンガン 54.94	26 Fe 鉄 55.85	27 Co コバルト 58.93	28 Ni ニッケル 58.69	29 Cu 銅 63.55	30 Zn 亜鉛 65.38	31 Ga ガリウム 69.72	32 Ge ゲルマニウム 72.63	33 As ヒ素 74.92	34 Se セレン 78.97	35 Br 臭素 79.90	36 Kr クリプトン 83.80
5	37 Rb ルビジウム 85.47	38 Sr ストロンチウム 87.62	39 Y イットリウム 88.91	40 Zr ジルコニウム 91.22	41 Nb ニオブ 92.91	42 Mo モリブデン 95.95	43 Tc テクネチウム [99]	44 Ru ルテニウム 101.1	45 Rh ロジウム 102.9	46 Pd パラジウム 106.4	47 Ag 銀 107.9	48 Cd カドミウム 112.4	49 In インジウム 114.8	50 Sn スズ 118.7	51 Sb アンチモン 121.8	52 Te テルル 127.6	53 I ヨウ素 126.9	54 Xe キセノン 131.3
6	55 Cs セシウム 132.9	56 Ba バリウム 137.3	57〜71 ランタノイド	72 Hf ハフニウム 178.5	73 Ta タンタル 180.9	74 W タングステン 183.8	75 Re レニウム 186.2	76 Os オスミウム 190.2	77 Ir イリジウム 192.2	78 Pt 白金 195.1	79 Au 金 197.0	80 Hg 水銀 200.6	81 Tl タリウム 204.4	82 Pb 鉛 207.2	83 Bi ビスマス 209.0	84 Po ポロニウム [210]	85 At アスタチン [210]	86 Rn ラドン [222]
7	87 Fr フランシウム [223]	88 Ra ラジウム [226]	89〜103 アクチノイド	104 Rf ラザホージウム [267]	105 Db ドブニウム [268]	106 Sg シーボーギウム [271]	107 Bh ボーリウム [272]	108 Hs ハッシウム [277]	109 Mt マイトネリウム [276]	110 Ds ダームスタチウム [281]	111 Rg レントゲニウム [280]	112 Cn コペルニシウム [285]	113 Nh ニホニウム [278]	114 Fl フレロビウム [289]	115 Mc モスコビウム [289]	116 Lv リバモリウム [293]	117 Ts テネシン [293]	118 Og オガネソン [294]
ランタノイド			57 La ランタン 138.9	58 Ce セリウム 140.1	59 Pr プラセオジム 140.9	60 Nd ネオジム 144.2	61 Pm プロメチウム [145]	62 Sm サマリウム 150.4	63 Eu ユウロピウム 152.0	64 Gd ガドリニウム 157.3	65 Tb テルビウム 158.9	66 Dy ジスプロシウム 162.5	67 Ho ホルミウム 164.9	68 Er エルビウム 167.3	69 Tm ツリウム 168.9	70 Yb イッテルビウム 173.0	71 Lu ルテチウム 175.0	
アクチノイド			89 Ac アクチニウム [227]	90 Th トリウム 232.0	91 Pa プロトアクチニウム 231.0	92 U ウラン 238.0	93 Np ネプツニウム [237]	94 Pu プルトニウム [239]	95 Am アメリシウム [243]	96 Cm キュリウム [247]	97 Bk バークリウム [247]	98 Cf カリホルニウム [252]	99 Es アインスタイニウム [252]	100 Fm フェルミウム [257]	101 Md メンデレビウム [258]	102 No ノーベリウム [259]	103 Lr ローレンシウム [262]	

〔編著者〕
大石祐一（おおいし ゆういち）　東京農業大学応用生物科学部 教授
山本祐司（やまもと ゆうじ）　東京農業大学応用生物科学部 教授

〔著　者〕五十音順
安藤達彦（あんどう たつひこ）　東京農業大学 名誉教授
加藤　拓（かとう たく）　東京農業大学応用生物科学部 教授
小林謙一（こばやし けんいち）　ノートルダム清心女子大学人間生活学部 教授
須恵雅之（すえ まさゆき）　東京農業大学応用生物科学部 教授
鈴木　司（すずき つかさ）　東京農業大学応用生物科学部 准教授
鈴木敏弘（すずき としひろ）　東京農業大学応用生物科学部 准教授
福田　亨（ふくだ とおる）　東京聖栄大学健康栄養学部 教授
松本雄宇（まつもと ゆう）　駒沢女子大学人間健康学部 講師
盛　喜久江（もり きくえ）　東京農業大学応用生物科学部 助教

〔イラスト〕
大久保研之（おおくぼ けんし）　聖徳大学人間栄養学部 教授

99項目でマスター 生物・化学

2025年（令和7年）3月25日　初 版 発 行

編著者　大 石 祐 一
　　　　山 本 祐 司
発行者　筑 紫 和 男
発行所　株式会社 建 帛 社
KENPAKUSHA

112-0011　東京都文京区千石4丁目2番15号
TEL　(03)3944-2611
FAX　(03)3946-4377
https://www.kenpakusha.co.jp/

ISBN 978-4-7679-0774-1 C3043　クニメディア／萩原印刷／常川製本

Printed in Japan
（定価はカバーに表示してあります）